职业教育计算机类专业系列教材

影视特效制作项目教程
After Effects CC（中文版）

主　编　原旺周　肖彦臣

副主编　刘　建　崔瑞峰

参　编　王万杰　程　洁　贾利霞　索晓燕

　　　　程利娟　路晓娟　欧林娜

主　审　朱　强

U0190815

机械工业出版社

本书立足"以服务发展为宗旨，以促进就业为导向"的国家职业教育发展目标，根据国家职业标准以及职业院校"双证书"教材编写的要求，采用"项目教学，技能实战"的形式进行编写，通过具体项目及项目拓展由浅入深地讲解使用 After Effects CC 软件进行影视合成的原理和制作技巧，注重培养学生的动手能力和实战技能，培养学生的创意和制作技巧。

本书主要内容包括第 1 单元二维合成，第 2 单元 AE CC 的蒙版与形状应用，第 3 单元文字动画，第 4 单元三维合成，第 5 单元抠像及调色，第 6 单元跟踪与稳定，第 7 单元转场及其他特效，第 8 单元综合应用。每个项目由学习目标、知识准备、项目实施和项目拓展组成。

本书可作为各类职业院校计算机应用、数字媒体、平面设计、动漫游戏等专业的教材，也可作为培训机构的参考用书。

本书配有电子课件、案例素材及源文件，教师可登录机械工业出版社教育服务网（www.cmpedu.com）注册后免费下载或联系编辑（010-88379194）咨询。

图书在版编目（CIP）数据

影视特效制作项目教程：After Effects CC：中文版/原旺周，肖彦臣主编. —北京：机械工业出版社，2019.2（2024.3重印）

职业教育计算机类专业系列教材

ISBN 978-7-111-61678-8

Ⅰ . ①影… Ⅱ . ①原… ②肖… Ⅲ . ①图象处理软件—高等职业教育—教材

Ⅳ . ①TP391.413

中国版本图书馆CIP数据核字（2018）第299065号

机械工业出版社（北京市百万庄大街22号　邮政编码100037）

策划编辑：李绍坤　　　　责任编辑：李绍坤
责任校对：马立婷　　　　封面设计：鞠　杨
版式设计：鞠　杨　　　　责任印制：郜　敏

中煤（北京）印务有限公司印刷

2024年3月第1版第11次印刷

184mm×260mm · 14印张 · 338千字

标准书号：ISBN 978-7-111-61678-8

定价：39.00元

电话服务　　　　　　　　网络服务
客服电话：010-88361066　机 工 官 网：www.cmpbook.com
　　　　　010-88379833　机 工 官 博：weibo.com/cmp1952
　　　　　010-68326294　金 书 网：www.golden-book.com
封底无防伪标均为盗版　机工教育服务网：www.cmpedu.com

After Effects CC（以下简称AE CC）是由Adobe公司开发的影视特效软件，它功能强大、简单易学、深受广大影视爱好者和影视后期从业人员的喜爱，是目前最流行的影视后期合成软件之一。我国现在大部分职业院校的数字媒体专业和计算机相关专业，都将AE CC作为一门重要的专业课程。

本书立足"以服务发展为宗旨，以促进就业为导向"的国家职业教育发展目标，遵循"以项目为载体，以发展能力为目标，以学生为主体"的课程教改三原则；根据教育部最新颁布的专业教学标准、国家职业标准以及职业院校"双证书"教材编写的要求，采用"任务驱动，项目教学，技能实战"的形式进行编写，注重培养学生的动手能力和职业素养。

本书坚持以知识性和技能性为本位，以适应新技术、新工艺、新方法、新的教学模式为根本，突出"校企合作"的人才培养模式特征，以满足学生学习的需求和社会实际需求为目标的指导思想，在编写中突出以下几点。

1）依据专业教学标准设置知识结构，注重行业发展对课程内容的要求。

2）依据国家职业标准，立足岗位要求，按照双证书教材的编写思想编写。

3）本书定位明确，注重操作技能的提高。强调实用性和技能性，通过动手完成一个个项目，强化操作训练，从而达到掌握知识与提高技能的目的，力争做到"做、学、教"的统一。

4）本书结构合理。内容安排循序渐进，每个项目由学习目标、知识准备、项目实施、项目拓展等环节组成，体现了"做中学，做中教"的教学理念。

5）本书案例丰富，趣味性、适用性强。本书的大部分案例来源于企业的真实工作项目，更能体现理论与实践相结合的特点，满足校企合作的要求，符合企业的人才需求。

本书分为8个单元，共20个项目，每个项目又包括学习目标、知识准备、项目实施、项目拓展等内容。具体内容包括：第1单元　二维合成，学习使用AE CC进行影视合成的流程；第2单元　AE CC的蒙版与形状应用，学习蒙版动画和形状动画的设置方法；第3单元　文字动画，学习二维文本的动画设置及立体文字动画的制作方法；第4单元　三维合成，主要介绍三维图层属性的设置及摄像机动画和灯光动画的制作技术；第5单元　抠像及调色，学习抠像技术和调色技术；第6单元　跟踪与稳定，学习跟踪的设置和稳定的设置技术；第7单元　转场及其他特效，主要介绍转场特效和图层样式的应用；第8单元　综合应用，学习片头的制作方法，综合运用所学的技术制作片头作品。

本书由长期从事职业教育影视后期制作的双师型教师、职业技能大赛辅导教师以及专业影视制作公司经验丰富的设计师共同编写而成，内容细致全面、重点突出，文字叙述言简意赅、通俗易懂，案例选择具有针对性和实用性。

　　本书由原旺周、肖彦臣担任主编，刘建、崔瑞峰担任副主编。参加编写的还有王万杰、程洁、贾利霞、索晓燕、程利娟、路晓娟和欧林娜，全书由原旺周统稿，朱强主审。具体编写分工为：第1单元（原旺周、崔瑞峰）、第2单元（原旺周、肖彦臣）、第3单元（程利娟、索晓燕）、第4单元（程洁、贾利霞）、第5单元（王万杰、原旺周）、第6单元（欧林娜、路晓娟）、第7单元（刘建、索晓燕）、第8单元（原旺周、崔瑞峰）。

　　由于编者水平有限，书中难免存在疏漏和不妥之处，敬请各位专家、老师和广大读者提出宝贵意见，不胜感激。

编　者

目 录
CONTENTS

⊕ ▶ **前言**

⊕ ▶ **第1单元　二维合成**

项目1　After Effects CC的初始化设置...1

　　知识准备...1

　　　项目实施　《城市夜景》——视频制作流程...9

　　　项目拓展　《变速行驶》——快放、慢放、倒放...14

项目2　关键帧动画...20

　　知识准备...20

　　　项目实施　《行驶》——关键帧动画...23

　　　项目拓展　《小球绕指定的路径运动》——沿路径运动动画...............................27

项目3　父子关系...29

　　知识准备...29

　　　项目实施　《花开争艳》——父子关系...34

　　　项目拓展　《星球大战》——层模式应用...39

⊕ ▶ **第2单元　AE CC的蒙版与形状应用**

项目4　蒙版动画制作...45

　　知识准备...45

　　　项目实施　《画轴的打开与回卷》——蒙版动画...48

　　　项目拓展　《吃豆豆》动画——蒙版的混合模式应用...51

项目5　路径描边动画制作...54

　　知识准备...54

　　　项目实施　《签名》——路径描边动画制作...55

　　　项目拓展　《人物》——路径描边特效应用...57

项目6　形状图形动画制作...60

　　知识准备...60

　　　项目实施　《形状图形动画》——形状图形属性及效果应用...............................62

　　　项目拓展　《人工天河红旗渠》——文字修剪路径动画.......................................65

⊕ ▶ **第3单元　文字动画**

项目7　路径文字动画...69

　　知识准备...69

　　　项目实施　《红旗渠精神》——路径文字动画...70

　　　项目拓展　《地球——人类共同的家园》——文字绕路径旋转...........................74

项目8　预设文字动画制作...77

　　知识准备...77

　　　项目实施　《北国风光》——预设文字动画...78

项目拓展 《红旗渠简介》——旁白文字动画 81
项目9 文字"动画制作工具"应用 85
    知识准备 85
    项目实施 《技能改变命运》——文字"动画制作工具"制作动画 89
    项目拓展 《新闻联播》——立体文字动画 92

第4单元 三维合成
项目10 三维图层合成 99
    知识准备 99
    项目实施 《立方盒子动画》——三维图层的合成 100
    项目拓展 《立体相册》——三维图层的应用 107
项目11 摄像机动画 111
    知识准备 112
    项目实施 《国画展示》——摄像机动画 113
    项目拓展 《空间文字》——摄像机动画应用 119
项目12 三维灯光应用 129
    知识准备 129
    项目实施 《摩托秀》——三维灯光应用 131
    项目拓展 《金光大道》——三维灯光应用 135

第5单元 抠像及调色
项目13 键控特效 141
    知识准备 141
    项目实施 《抠像技术》——键控特效应用 146
    项目拓展 《荷花》——Roto抠像技术应用 150
项目14 调色技术应用 156
    知识准备 156
    项目实施 《美丽的白头雕》——色彩校正 164
    项目拓展 《三原色》——色彩的基本组成 168

第6单元 跟踪与稳定
项目15 位置跟踪 170
    知识准备 170
    项目实施 《手握火焰前行》——位置跟踪应用 173
    项目拓展 《转动的显示器》——透视跟踪应用 176
项目16 稳定运动 178
    知识准备 178
    项目实施 《抖动的花盆》——稳定运动 179

目 录
CONTENTS

　　项目拓展 《落日余晖》——稳定运动应用 181

第7单元　转场及其他特效

项目17　转场特效应用 184
　　知识准备 184
　　项目实施 《时装表演》——转场特效应用 186
　　项目拓展 《时装展示》——黑白信息转场应用 189
项目18　图层样式及碎片特效应用 191
　　知识准备 191
　　项目实施 《天涯来客》——墙体脱落显露文字 194
　　项目拓展 《欢度节日》——绚丽扫光文字制作 199

第8单元　综合应用

项目19 《小荷才露尖尖角》——片头制作 204
项目20 《保护地球就是保护我们自己》——片头制作 211

第1单元　二 维 合 成

项目1　After Effects CC的初始化设置

≫ 学习目标

1）了解影视制作的基础知识。

2）了解AE CC的界面布局及常用窗口、面板的功能及使用方法。

3）掌握AE CC项目的初始化设置及基本的编辑方法。

4）掌握使用AE CC软件进行影视制作的流程。

5）掌握设置视频素材快放、慢放、倒放、定格效果的方法。

≫ 知识准备

1. 电视制式

目前世界上用于彩色电视广播的制式主要有以下3种。

1）PAL制式：PAL制是Phase Alteration Line（正交平衡调幅逐行倒相制）的简称。PAL制式的画面尺寸为720像素×576像素，帧速率为25帧/秒。目前，采用这种制式的国家及地区主要有中国、东南亚、德国及一些西欧国家。

2）NTSC制式：NTSC制是National Television System Committee（正交平衡调幅制）的简称。NTSC制式的画面尺寸为720像素×480像素，帧速率为29.97帧/秒。目前，采用这种制式的国家和地区主要有美国、日本、韩国、加拿大、中国台湾等。

3）SECAM制式：SECAM制是Sequential Couleur Avec Memoire（行轮换调频制）的简称。画面尺寸为720像素×576像素，帧速率为25帧/秒。目前，采用这种制式的国家和地区主要有俄罗斯、东欧、法国及一些西亚国家。

2. 帧速率与场

影视动画中都是将一些差别较小的静态画面以一定的速率连续播放，由于人的视觉暂留现象，人眼会认为这些图像是连续不间断地运动的。构成运动效果的每一幅静态画面称作1"帧"，帧是构成动画的的最小单位。

帧速率（fps）也称"帧/秒"，指每秒显示的静止帧格数。例如，Flash动画的帧速率为12帧/秒；电影的帧速率为23.976帧/秒（通常称为24帧/秒）；PAL制式视频的帧速率为25帧/秒；NTSC制式视频的帧速率为29.97帧/秒，通常称为30帧/秒。

在帧的尺寸上，帧宽度与帧高度之比通常有4:3和16:9两种。目前，标准清晰度的电视采用的帧长宽比是4:3，高清晰度的电视采用的帧长宽比是16:9。

像素长宽比是指像素的长度和宽度的比例，例如，标准的PAL制式视频，1帧图像尺寸为720像素×576像素，采用的是矩形像素，像素长宽比是1:1.067。计算机使用方形像素显示画面，其像素长宽比是1:1，人们接触到的图像素材大部分采用方形像素。

电视的扫描方式有"逐行扫描"和"隔行扫描"两种方式。在电视的标准显示模式中，i表示隔行扫描，p表示逐行扫描。逐行扫描方式是指每一帧图像由电子束顺序地、一行接着一行地连续扫描而成；隔行扫描方式是指每一帧被分隔为两场，每一场包含了一帧中所有的奇数扫描行或者偶数扫描行，先扫描奇数行得到第一场，然后扫描偶数行得到第二场。由于人的视觉暂留现象，人眼会看到平滑的运动而不是闪动的半帧图像。

在AE CC中奇数场和偶数场分别称为上场和下场，每一帧由两场构成的视频在播放时要定义上场和下场的显示顺序，先显示上场，后显示下场，称为上场顺序，反之称为下场顺序。

3. 项目与合成

After Effects CC（以下文中简称为AE CC）启动之后，默认新建了一个项目，存盘后的AE CC文件是以项目文件的形式存在。项目也称为工程，项目通常记录着工作中使用的素材、层、效果等所有信息。按<Ctrl+Alt+N>组合键可以新建一个项目；按<Ctrl+S>组合键可以存储项目文件，项目文件的扩展名为".aep"。

要进行影片制作，首先要建立一个合成。当一个合成图像窗口打开时，同时会有一个与之相对应的时间线窗口，AE CC中的大部分制作将要依靠这两个窗口完成。制作出的合成，需要通过渲染，将其转换为视频文件，才可以使用视频播放器来进行播放。

一个项目中可以建立多个合成，但是合成不能单独成为一个文件而存在，而是以项目文件的形式而存在。

4. AE CC的工作界面

AE CC启动之后，工作界面如图1-1所示，主要包括"项目"窗口、"合成"窗口、"时间线"窗口。其他窗口可以通过"窗口"菜单来添加需要的窗口或隐藏该窗口。

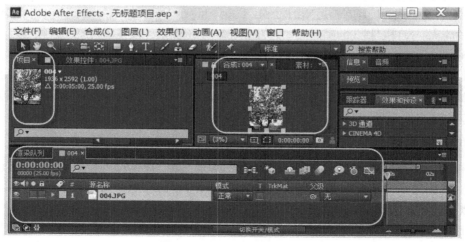

图1-1 AE CC的工作界面

5. "项目"窗口

"项目"窗口的作用是导入素材、管理素材。"项目"窗口如图1-2所示。在"项目"窗口中可以对导入的素材进行设置、新建合成、导入素材、新建文件夹进行分类存放素材、对不需要的素材进行删除等功能。

1）解释素材按钮：对导入的素材进行Alpha通道、帧速率、场、像素长宽比等内容的设置。

2）新建文件夹按钮：将不同类型的素材分别建立文件夹进行存放，实行分类管理，例如，建立图片文件夹、视频文件夹、音频文件夹等。

3）新建合成按钮：将"项目"窗口中的某个素材拖到该按钮上，则创建一个与素材大小一致的新合成。

4）删除按钮：选中"项目"窗口中的素材，单击该按钮进行删除。

6. 合成设置

在AE CC中对一个项目进行编辑、处理前，首先要建立一个合成，在"项目"窗口中右击鼠标，在快捷菜单中执行"新建合成"命令，就出现一个"合成设置"对话框，如图1-3所示。建立一个新的"合成"，或者要对已建立的合成重新进行设置参数，都要进行合成设置，在"合成"菜单下执行"合成设置"命令，就可以出现"合成设置"对话框。

1）合成名称：输入新建合成的名字。

2）预设：自定义要制作影片的尺寸或选择已有的影片设置尺寸。如果自定义影片大小，可以修改"宽"和"高"的值。

3）像素长宽比：在下拉菜单中选择影片需要的像素长宽比数值。

4）分辨率：在下拉菜单中选择影片的分辨率，分辨率决定渲染的质量。

5）帧速率：在下拉菜单中选择需要的帧速率。

6）持续时间：设定影片的时长。

7）背景颜色：设定影片的背景颜色。

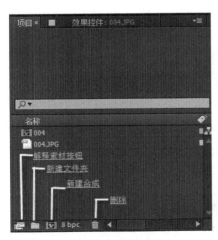

图1-2 "项目"窗口

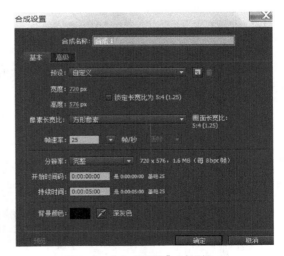

图1-3 "合成设置"对话框

7. "合成"窗口

经过合成设置参数后，就新建了一个合成。在"合成"窗口中对素材进行编辑、加工、处理、最终输出。合成图像以时间和层进行工作，合成中可以有任意多的层，合成之间还可以相互调用、相互嵌套，一个合成可以被当成另一个合成的图层使用。一个项目中的合成建立之后，AE CC工作界面中就会出现一个"合成"窗口，如图1-4所示。

图1-4 "合成"窗口

1）(6.7%) 放大率弹出式菜单按钮：设置"合成"窗口的显示比例。

2）选择网格和参考线选项按钮：设置是否显示标尺、参考线、网格、安全框并可进行设置。

3）切换蒙版和形状路径可见性按钮：控制蒙版路径是否显示。

4）0:00:00:00 当前时间按钮：当前时间显示，可进行编辑。

5）拍摄快照和显示快照按钮：可拍摄快照和显示快照。

6）显示通道及色彩管理设置按钮：R、G、B和Alpha通道图标。

7）(自定义...) 分辨率按钮：高分辨率可以显示清晰的画面，低分辨率可加速显示。

8）目标区域观察按钮：观察目标区域。

9）切换透明网格按钮：可以设置合成窗口的背景透明。

10）活动摄像机 3D视图弹出式菜单按钮：选择不同的视图方式，默认是"活动摄像机"视图。

注意：当"合成"窗口关闭后，双击"项目"窗口中的合成文件，就可以打开"合成"窗口。

8. "时间线"窗口

当一个"合成"窗口打开时，同时有一个与它对应的"时间线"窗口被打开。"时间线"窗口如图1-5所示。"时间线"窗口是以时间为基准对图层进行操作的。在"时间线"窗口中可以调整素材层在合成中的时间位置、素材长度、叠加方式、渲染范围、合成长度等。

图1-5 "时间线"窗口

"时间线"窗口包括3个大的区域：左侧为控制面板区域，右侧上端为时间线区域，右侧下端为层工作区域。

（1）控制面板区域

1）：当前时间显示。

2）："眼睛"控制素材层的显示或隐藏。"喇叭"控制播放或关闭音频。"独奏按钮"控制合成中只显示当前层。"锁按钮"控制是否锁定素材图层。

3）：可以展开图层属性进行设置。

4）：消隐开关，可在时间线上隐藏该素材层，但效果仍在合成中显示。

5）：折叠变化/连续栅格开关。对合成图层折叠变化，对矢量图层连续栅格化。

6）：质量和采样开关。可以设为草图质量和最高品质两种类型。

7）：效果开关。可打开或关闭应用于层的特效。

8）：帧混合开关。可通过加权混合插入帧内容。

9）：动态模糊开关。模拟快门持续时间。

10）：调整图层开关。应用于此图层的效果也应用于其下面图层的合成。

11）：3D图层开关。

12）：层模式栏。可控制素材图层之间的混合模式。该面板若不显示，可单击时间线左下角的按钮使其显示。

13）：轨道遮罩设置栏。利用上一图层的黑白信息控制下一个图层的显示区域。

14）：父子关系栏。指定要作为父级的图层。

（2）时间线区域

1）：时间标尺。

2）：当前时间指针。

3）：工作区域。可拖动两端的滑块确定预览和渲染的区域。

4）：时间线缩放按钮。

（3）层工作区域

时间线上可以有多个层。每个素材均以层的形式以时间为基准排列在工作区域，每个图层均可以设置入点和出点。当两个图层的入点相同时，层标号小的层要挡住层标号大的层在合成窗口中的显示内容。

9. "工具"面板

"工具"面板如图1-6所示。利用"工具"面板中的工具可以对合成中的对象进行操作，例如，选择、移动、缩放、旋转、建立蒙版等。

图1-6　"工具"面板

10. "音频"面板

"音频"面板如图1-7所示。"音频"面板显示播放时的音量级别，可以调节所选层左右声道的音量，利用"时间线"窗口和"音频"面板可以为音量设置关键帧，也可以将分贝（dB）数的显示改为百分数显示，并可以设置分贝数的变化范围。

11. "预览"面板

"预览"面板如图1-8所示，"预览"面板可以预览合成的效果。

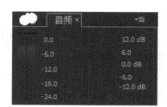

图1-7 "音频"面板　　　　　　　　图1-8 "预览"面板

注意：如果合成中有音频素材，预览时要使用 ▮▶ "RAM预览"按钮，否则，在预览时没有声音播放。

12. 项目初始化设置

启动AE CC软件后，系统自动新建一个项目，根据我国使用的电视制式PAL制，需要重新设置。

1）执行"文件"→"项目设置"命令，弹出"项目设置"对话框，如图1-9所示。将"时间码"的"默认基准"设为25，单击"确定"按钮。

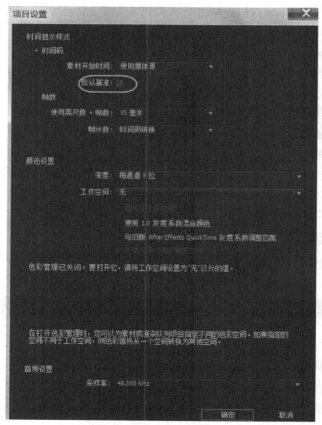

图1-9 "项目设置"对话框

2）执行"编辑"→"首选项"→"导入"命令，设置"序列素材"的导入方式为"25帧/秒"，单击"确定"按钮，如图1-10所示。

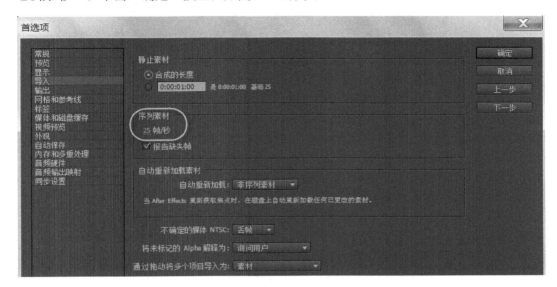

图1-10 "首选项"对话框

3）设置渲染输出模板：执行"编辑"→"模板"→"渲染设置"命令，弹出"渲染设置模板"对话框，将"默认"部分全部设置为"最佳设置"，再单击"编辑"按钮，如图1-11所示，在弹出的"渲染设置"对话框中，在"帧速率"选项栏中选择第2项"使用此帧速率：25"，这样就强制以25帧/s的速率进行输出，单击"确定"按钮，如图1-12所示，再次单击"确定"按钮完成渲染输出模板的设置。

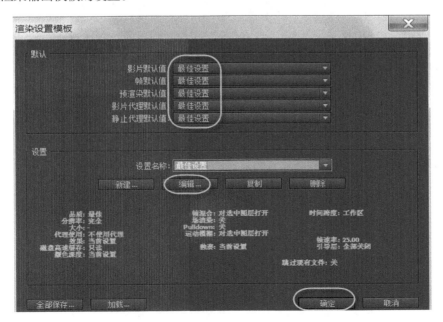

图1-11 "渲染设置模板"对话框

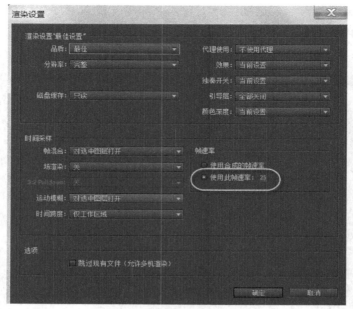

图1-12 "渲染设置"对话框

4）设置视频的默认输出格式：执行"编辑"→"模板"→"输出模板"命令，在弹出的对话框中，单击"编辑"按钮，在新弹出的"输出模块设置"对话框中设置"格式"为FLV，音频选择默认的"自动音频输出"，单击"确定"按钮，这样就将视频的默认输出格式设置为FLV格式，如图1-13所示。

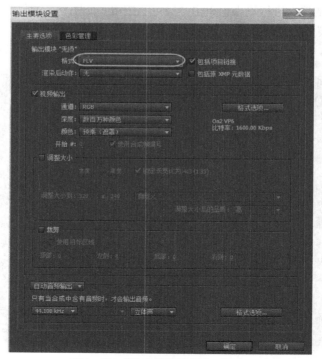

图1-13 "输出模块设置"对话框

注意：对于安装在一台计算机上的AE CC软件，只需要进行一次项目设置，再次使用时就不需要项目设置了，除非必须要修改项目参数，那就再进行项目设置。

13．AE CC进行视频制作的基本流程

（1）素材的导入与管理

素材是AE CC中最基本的构成元素和操作对象，可导入的对象包括动态视音频文件、图片文件、图像序列文件、分层的PS文件、AE中的合成、PR的项目文件、.swf文件等。

对导入到"项目"窗口中的素材文件，要建立多个文件夹进行分类管理。

（2）创建合成

在AE CC中对一个项目进行编辑、处理前首先要建立一个合成并进行合成参数设置，在合成中对素材进行移动、缩放、旋转、建立遮罩等操作。在"时间线"窗口中为图层添加特效、调整图层参数、设置图层叠加方式等针对图层的操作。

（3）添加特效

AE CC中自带了很多特效，也可以为AE CC安装新的特效插件。将特效应用到图层中可以产生各种各样的效果，例如，改变视频的颜色，对音频进行处理，对图像进行扭曲，制作动态字幕以及创建各种过渡等。

（4）设置动画

AE CC中的动画有关键帧动画、驱动动画和表达式动画3种。关键帧动画是最基本的动画；驱动动画是指图层自身的属性没有记录动画，但是通过其他层的动画属性关系，形成动画，例如，父子关系；表达式动画是一种随机动画，通过一段能被AE识别的描述语句，驱动一个属性，形成动画，例如，实现图层随机运动，图层透明随机变化的动画，用表达式可以快速达到制作效果。

（5）渲染输出

合成预览满意后，就要渲染输出可以用其他播放器播放的成品。将编辑好的合成添加到渲染队列，设置要输出的视频格式及输出视频存放的位置、名称。

 **项目实施**

《城市夜景》—— 视频制作流程

本项目通过《城市夜景》项目的制作，对导入素材、新建合成、编辑素材、渲染输出等过程的学习，帮助读者逐步掌握AE CC的使用方法及视频制作流程。项目完成后的效果如图1-14所示。

图1-14　《城市夜景》效果

制作步骤如下。

（1）导入素材

启动AE CC软件后，在"项目"窗口中双击，在弹出的"导入文件"对话框中，分别选择要导入的素材，然后单击"打开"按钮，即可导入素材，也可以在"导入文件"对话框中，单击选定要导入的第一个素材，按住<Shift>键，再单击最后一个素材，这样就一次选定了多个素材，然后，单击"打开"按钮，导入所需的全部素材，分别单击导入的素材，会发现所有素材，分辨率为1280×720，"像素长宽比"为"方形像素（1.0）"，"帧速率"为25帧/秒，如图1-15所示。

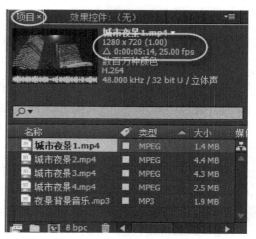

图1-15　导入素材后的项目窗口

（2）新建合成

执行"合成"→"新建合成"命令，弹出"合成设置"对话框，在"合成设置"对话框中，"合成名称"框中修改为"城市夜景"，"预设"中选择"自定义"，设置合成的"宽度"为1280px，"高度"为720px，"像素长宽比"设为"方形像素"，"帧速率"设为"25帧/秒"，"持续时间"设为50秒，如图1-16所示，单击"确定"按钮。

注意：如果已经建立了合成，又想修改合成参数值，则可以执行"合成"→"合成设置"命令，重新设置合成参数。

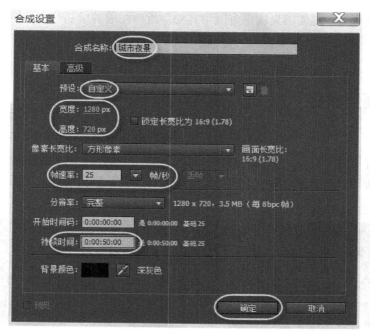

图1-16　"合成设置"对话框

（3）在时间线上编辑素材

1）在"项目"窗口中，将所有素材依次拖入"时间线"窗口中，在时间线上单击选定某个素材进行上下拖动，可以改变其上下排列的顺序。拖动时间线底部的缩放滑块 ，可以改变时间线的长度显示比例，将滑块移到最左边，可以显示时间线的全部长度。时间线上素材图层的上下排列位置，如图1-17所示。

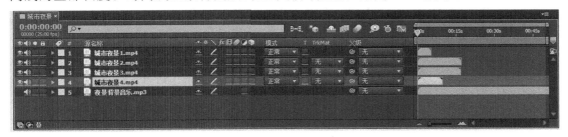

图1-17 时间线上各素材上下排列位置

2）单击"时间线"窗口左上角的"当前时间显示"按钮，修改当前时间为 0:00:05:00 ，按<Enter>键或者在空白地方单击鼠标，时间线指针就移动到了第5s的位置。单击选定"城市夜景1.mp4"，按<Alt+]>组合键，可以使"城市夜景1.mp4"的出点（结束位置）移动到第5s。

向右拖动"城市夜景2.mp4"，使得该素材的入点（开始位置）到当前位置，如图1-18所示。

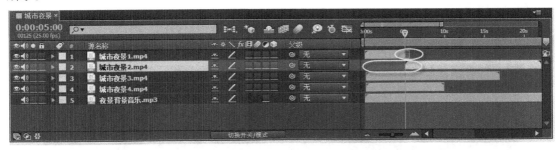

图1-18 设置城市夜景1的出点及移动城市夜景2的开始播放位置

3）将当前时间定位于"0:00:20:00"，光标置于"城市夜景2.mp4"的出点处，光标变成 左右箭头时，向左拖动，使得该素材的出点到当前时间位置，如图1-19所示。

图1-19 调整"夜景素材2.mp4"素材的出点位置

4）向右拖动"城市夜景3.mp4"，使得该素材的入点（开始位置）到当前位置"0:00:20:00"，将当前时间指针移到"0:00:35:00"，选定"城市夜景3.mp4"，按

<Alt+]>组合键，可以使"城市夜景3.mp4"的出点（结束位置）移动到该位置。

5）向右拖动"城市夜景4.mp4"，使得该素材的入点（开始位置）到当前位置"0:00:35:00"，将当前时间指针移到"0:00:44:00"，选定"城市夜景3.mp4"，按<Alt+]>组合键，可以使"城市夜景4.mp4"的出点（结束位置）移动到该位置。

6）单击选定"夜景背景音乐"素材层，按<Alt+]>组合键，可以使"夜景背景音乐.mp3"的出点（结束位置）移动到该位置。

注意：编辑素材的入点和出点时，如果素材时长较短，则可以将光标移到素材的开始或结束位置，光标变成左右箭头形状█◆◆█时，拖曳鼠标进行移动即可改变素材的入点和出点；如果素材较长，看不到素材的开始或结束位置，可以先设置时间线指针的位置，再选中素材，按<Alt+[>或者<Alt+]>组合键来设定出入点。

按<Alt+[>组合键，可以剪掉当前指针前的素材；按<Alt+]>组合键，可以剪掉当前指针后的素材。

7）预览效果。因为在"合成设置"中设定持续时间为50s，而编辑后的合成只有44s，此时鼠标放置于时间线的工作区域█████████右端滑块上，向左拖曳至44s处，确定预览和渲染的区域，单击"播放"▶按钮或"RAM预览"▶▶按钮进行预览，如图1-20所示。

图1-20 "预览"窗口

（4）渲染输出

执行"合成"→"添加到渲染队列"命令或按<Ctrl+M>组合键，将合成添加到"渲染队列"面板中，如图1-21所示。

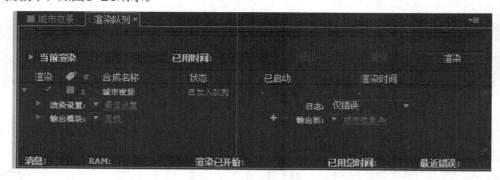

图1-21 "渲染队列"面板

1）单击"渲染队列"面板中的"输出模块：无损"按钮，弹出"输出模块设置"对话框，如图1-22所示。在"格式"右侧的下拉选项中，选择要输出的视频格式，单击"确定"按钮。

2）单击"渲染队列"面板中的"输出到："按钮，弹出"将影片输出到："对话框，选择要保存视频的位置及要保存的文件名，单击"保存"按钮，如图1-23所示。

3）单击"渲染"按钮。渲染结束后，找到渲染出的视频文件，就可以在播放器中播放了。

渲染输出，也可以执行"文件"→"导出"→"添加到渲染队列"命令，其设置方法及其效果与前面介绍的方法相同。

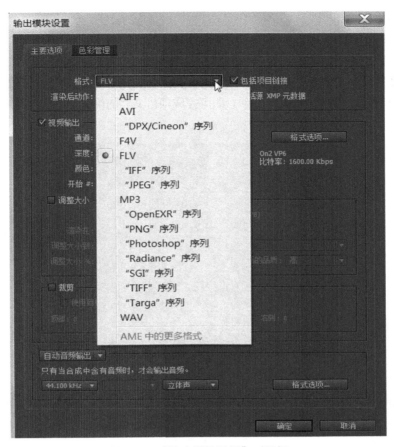

图1-22 "输出模块设置"对话框

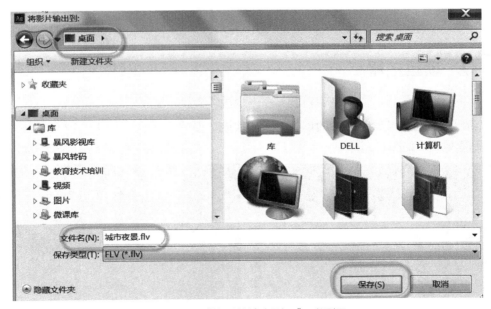

图1-23 "将影片输出到："对话框

（5）保存项目文件

为了使项目文件随时随地在不同的计算机上进行编辑或者修改，需要保存好源文件及其关联的素材，完成保存项目文件。

执行"文件"→"整理工程（文件）"→"收集文件"命令，弹出"收集文件"对话框，如图1-24所示。单击"收集"命令，即可完成项目文件的保存。

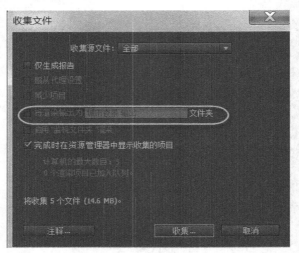

图1-24 "收集文件"对话框

> 注意：初学者在使用AE CC软件进行学习时，由于对各个操作面板不熟悉，经常会出现操作界面混乱的时候，此时，要想恢复成标准工作区界面，执行"窗口"→"工作区"→"重置标准"命令，即可恢复。有时，无意中按下<Caps Lock>键，"合成"窗口下方出现一条红线，使得"合成"窗口无法显示，再按一次<Caps Lock>键，即可正常工作。

 项目拓展

《变速行驶》——快放、慢放、倒放

本项目通过对视频素材速度的调整，实现快放、慢放、倒放、定格、无极变速的效果。项目的制作效果，如图1-25所示。

图1-25 《变速行驶》制作效果

制作步骤如下。

（1）导入素材

启动AE CC软件，在"项目"窗口中右击，在弹出的快捷菜单中，执行"导入"→"文件"命令，导入项目1中的素材"汽车.mov"。

（2）新建合成

在"项目"窗口中单击素材"汽车.mov"，"项目"窗口中显示素材的属性，分辨率为1280×720，如图1-26所示。再在"项目"窗口中右击，在弹出的快捷菜单中，执行"新建合成"→"文件"命令。在弹出的"合成设置"对话框中将"合成名称"改为"变速行驶"，在"预设"中选择"自定义"，设置合成的"宽度"为1280px，"高度"为720px，"像素长宽比"为"方形像素"，"帧速率"为"25帧/秒"，"持续时间"为50s。

图1-26　素材的属性

（3）将素材拖到"时间线"窗口

将"项目"窗口中的"汽车.mov"拖曳到"时间线"窗口中，单击选定素材，按<Enter>键，修改图层的名称为"正常行驶"；再次将"项目"窗口中的"汽车.mov"拖曳到"时间线"窗口中，按<Enter>键，修改图层的名称为"快放"；依次将"汽车.mov"拖曳到"时间线"窗口中，分别修改名称为"慢放""倒放""定格""无极变速"，如图1-27所示。

图1-27　时间线中素材排列顺序

（4）快放效果设置

单击"时间线"窗口左上角的"当前时间显示"按钮，将时间指针定为"00:00:05:10"，即"正常行驶"图层的出点。

单击选定"快放"图层，向右拖动，使得"快放"图层素材的入点与"正常行驶"图层的出点对齐。右击"快放"图层，在弹出的快捷菜单中，执行"时间"→"时间伸缩"命令，在弹出的"时间伸缩"对话框中，设置"拉伸因数"为50，如图1-28所示。

（5）慢放效果设置

单击"时间线"窗口左上角的"当前时间显示"按钮，将时间指针定为"00:00:08:04"，即"快放"图层的出点。

单击选定"慢放"图层，向右拖动，使得"慢放"图层素材的入点与"快放"图层的出点对齐。右击"慢放"图层，在弹出的快捷菜单中，执行"时间"→"时间伸缩"命令，在弹出的"时间伸缩"对话框中，设置"拉伸因数"为200，如图1-29所示。

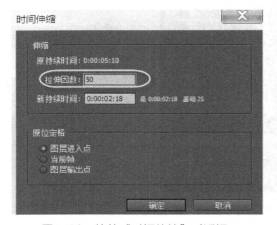
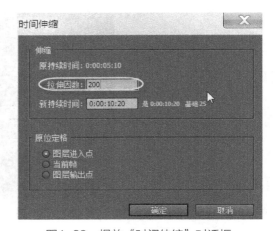

图1-28　快放"时间伸缩"对话框　　　　图1-29　慢放"时间伸缩"对话框

> 注意：对视频图层速度的调整，也可以单击"时间线"窗口左下方的█按钮，显示出图层与时间和速度相关的"入""出""持续时间""伸缩"栏，通过拖动"入""出"栏的数值调整素材层自身启用部分的入、出点，即剪切图层的入、出点，相当于按<Alt+[>组合键和<Alt+]>组合键的方式，如图1-30所示。

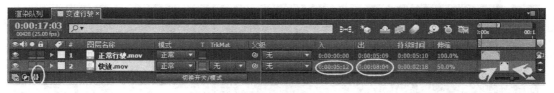

图1-30　拖动数值剪切入、出点

如果在"入""出"栏的数值上单击，则可以弹出对话框，输入的数值将移动图层在"时间线"窗口中的入、出点，即移动图层所处时间位置，相当于按<[>键和<]>键的方式。例如，在图层的"入"栏下单击数值，在弹出的"开始时间时图层"对话框中输入100，即1s，如图1-31所示，此时图层的入点移到第1s处，如图1-32所示。

利用拖动或单击的方式调整"持续时间""伸缩"栏的数值，也可以修改素材图层的速度，从而也影响素材层的长度，调整方法与执行菜单命令来调整快放、慢放的方法一样。

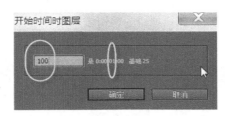

图1-31 "开始时间时图层"对话框

图1-32 单击输入数值后移动入、出点

（6）倒放效果设置

单击"时间线"窗口左上角的"当前时间显示"按钮，将时间指针定为"00:00:18:23"，即"慢放"图层的出点。

单击选定"倒放"图层，向右拖动，使得"倒放"图层素材的入点与"慢放"图层的出点对齐。右击"倒放"图层，在弹出的快捷菜单中，执行"时间"→"时间反向图层"命令，实现倒放效果。此时，"时间线"窗口，如图1-33所示。

图1-33 "时间线"窗口显示

（7）定格效果设置

1）将当前时间指针移到"00:00:24:08"位置，单击选定"定格"图层，向右拖动，使得"定格"图层素材的入点与"倒放"图层的出点对齐。如果要想在"00:00:28:16"位置出现定格效果，把当前时间指针移动到该位置，执行"编辑"→"拆分图层"命令，将该素材剪成两段，并且占用了两个图层，如图1-34所示。

图1-34 拆分图层

2）单击"合成"窗口下方的"拍摄快照"按钮，按<Ctrl+Alt+S>组合键进行保存当前的快照，弹出"渲染队列"面板，单击"输出到："按钮，如图1-35所示，选择保存图片的位置，单击"渲染"按钮，然后在"项目"窗口中双击（本项目操作渲染保存的图片名称为88888.jpg），导入刚渲染出的图片。

图1-35　渲染当前拍摄的图片

3）将"项目"窗口中的图片素材拖曳到拆分的两个图层之间，向右拖动图片，使得图片的入点到"00:00:28:16"位置，单击选定图片图层，将当前指针定位到"00:00:30:16"位置，按<Alt+]>组合键进行剪切，使得图片播放时长2s。

4）拖动"定格.mov2"素材（即刚才拆分后的后段素材），使得该图层素材的入点到"00:00:30:16"位置，此时，"时间线"窗口，如图1-36所示。

图1-36　"时间线"窗口

> 注意：在移动一个素材的入点与另一个素材的出点进行对齐时，要把"时间线"窗口下方的放大滑块拖到右端，可以精确设定两个素材是否对齐，进行无缝连接。

（8）无极变速效果设定

无极变速效果就是使得素材开始和结束是以原速度行驶，中间部分为逐渐放慢和逐渐恢复速度的效果。

1）将时间指针拖曳到"00:00:31:21"位置，向右拖曳"无极变速"素材，使得素材的入点到"00:00:31:21"位置。单击选中"无极变速"图层，执行"图层"→"时间"→"启用时间重映射"命令，图层下就添加"时间重映射"属性，在素材的入点和出点自动添加了关键帧，此时，将原图层的出点向后延长，那么，延长的部分为出点位置的静帧画面，如图1-37所示。

图1-37　启用"时间重映射"

2）原素材时长为5s10帧，计划将原素材第2s～4s之间做慢放，并且为速度递减和递增的效果。将时间指针移到33s21帧和35s21帧的位置，分别单击"时间重映射"前面的■按钮，添加两个关键帧，如图1-38所示。

图1-38　添加两个关键帧

3）选中右侧两个关键帧，同时向右移2s的距离，即原35s21帧的关键帧移到37s21帧的位置，如图1-39所示。

图1-39　增加关键帧间距

4）单击时间轴上部的 按钮，切换到"图表编辑器"，选择图表类型为"编辑速度图表"，选中"时间重映射"属性，查看第2个、第3个关键帧之间的视频速度降为原来的50%，此时速度为直接变化，如图1-40所示。

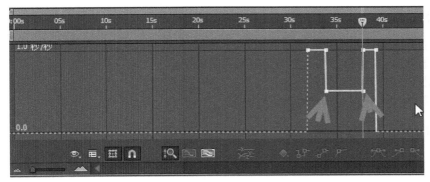

图1-40　在"图表编辑器"中查看

5）选中第2个、第3个关键帧，单击 按钮，将关键帧转变为自动贝塞尔曲线，此时速度的变化变得缓和，即从100%逐渐降低到80%及更低速度下降，并在之后逐步恢复到100%的速度，如图1-41所示。

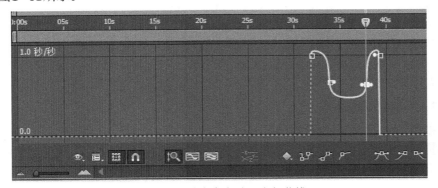

图1-41　转变为自动贝塞尔曲线

（9）预览效果

单击"预览"面板中的"播放" 按钮，进行效果预览。发现从45s19帧之后是无内容的，将工作区的右端滑块 拖到45s19帧位置。

（10）渲染输出

若对效果感到满意时，可以执行"合成"→"添加到渲染队列"命令，在"渲染队列"面板中单击"输出到："右侧的文件名，在弹出的"将影片输出到："对话框中设置影片名称和保存位置，单击"保存"按钮；单击左下角"输出模块："右侧的"无损"按钮，在弹出的"输出模块设置"对话框中单击"格式"右侧的下拉按钮，设置视频的输出格式为FLV格式，单击"确定"按钮退出对话框，单击"渲染"按钮进行渲染。

（11）保存项目文件

执行"文件"→"整理工程（文件）"→"收集文件"命令，完成项目文件保存工作。

项目2　关键帧动画

≫ 学习目标

1）掌握导入不同类型素材的方法。
2）掌握AE CC素材基本属性关键帧动画的设置方法。
3）掌握路径自动定向的方法。
4）掌握素材沿路径运动动画的设置方法。

≫ 知识准备

1. 导入素材的方法

导入素材的方法有以下几种：

1）在"项目"窗口中双击，在弹出的"导入文件"对话框中选择要导入的文件。

2）在"项目"窗口中右击，在弹出的快捷菜单中执行"导入"→"文件"命令，在弹出的"导入文件"对话框中选择要导入的文件。

3）执行"文件"→"导入"→"文件"命令，在弹出的"导入文件"对话框中选择要导入的文件。

4）在资源管理器中直接拖曳要导入的素材文件或文件夹到"项目"窗口中。

5）按<Ctrl+I>或<Ctrl+Alt+I>组合键。<Ctrl+I>组合键可导入单个文件；<Ctrl+Alt+I>组合键可导入多个文件。

2. 导入不同类型的素材

（1）视频、图片、音频文件的导入

按照前面介绍的导入素材的任何一种方法，在弹出的"导入文件"对话框中选择要导入的文件即可。

（2）psd文件的导入

导入psd文件时，会弹出"解释素材"对话框，如图2-1所示。

1）忽略：忽略透明信息。

2）直接—无遮罩：将透明信息保存在独立的Alpha通道中。

3）预乘—有彩色遮罩：透明信息可存放在Alpha、R、G、B通道中。

4）猜测：由系统决定Alpha通道类型。

（3）多层psd文件的导入

多层psd文件在导入时有3个选项，如图2-2所示。

1）素材：它有两个选项，"合并的图层"是指合并所有的图层作为一个素材进行导入。"选择图层"可以将想要的单个图层内容导入进来。

2）合成：将psd文件作为一个合成文件全部导入进来，每个层作为合成内的一个素材层。

3）合成—保持图层大小：将psd文件作为一个合成文件全部导入进来，每个层作为合成内的一个素材层，而且各个层的大小可独立调整。

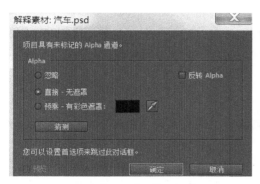 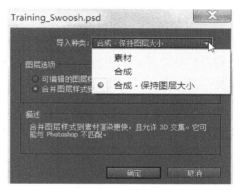

图2-1 "解释素材"对话框　　　　　图2-2 多层psd文件导入对话框

（4）序列文件的导入

在"导入文件"对话框中，单击选中第1个图片，再勾选"☑JPEG序列"复选框，则序列图片作为一个素材导入进来，如图2-3所示。

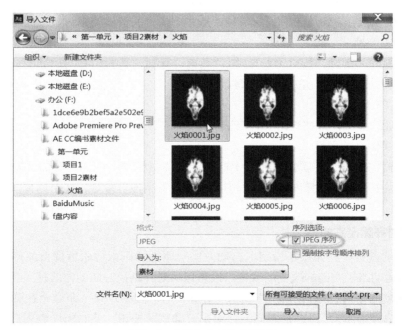

图2-3 "导入文件"对话框

3．建立合成的方法

建立合成的方法有以下几种。

1）执行"合成"→"新建合成"命令。

2）在"项目"窗口中，单击"新建合成"按钮。

3）在"项目"窗口中，将某个素材拖曳到"新建合成"按钮上，将建立一个与素材大小一致的合成。

4）在"项目"窗口中右击，在弹出的快捷菜单中，执行"新建合成"命令。

5）使用<Ctrl+N>组合键。

4．素材的分类管理

在"项目"窗口中，单击"新建文件夹"按钮，可以建立多个文件夹，将不同类别的素材分别存放到文件夹中进行分类管理，方便查找与使用。例如，分别建立"图片"文件夹、"视频"文件夹、"音频"文件夹等。

5．关键帧

在使用计算机制作动画时，动画中关键位置的帧就是关键帧，通过控制相邻关键帧的属性，完成动画的制作。

（1）添加关键帧

选中要建立关键帧的图层，展开图层属性，单击某个相应属性参数前面的"钟表"按钮，启动关键帧，在时间线上就添加了一个关键帧标记。当要添加第2个或多个关键帧时，时间指针移到新的位置，在时间线钟表的左侧单击按钮，就添加了下一个关键帧。

（2）移动关键帧

选中要移动的关键帧，拖曳到目标位置即可。如果要同时移动多个关键帧，用鼠标框选多个关键帧，按住鼠标左键拖曳到目标位置，选中的多个关键帧的相对位置保持不变。

（3）复制关键帧

选中要复制的关键帧，按<Ctrl+C>组合键进行复制，然后将时间指针移到目标位置，按<Ctrl+V>组合键进行粘贴，完成复制关键帧的工作。

（4）删除关键帧

选中要删除的关键帧，按<Delete>键即可。

（5）改变关键帧的属性

选中要编辑的图层，在属性数值编辑栏中，按住鼠标左右拖动，数值就发生了变化；或者在属性编辑栏中右击，在弹出的列表框中，执行"编辑值"命令，在对话框中输入相应属性的值进行设置。

6．自动对齐路径方向

素材在运动过程中，如果不设定"自动方向"属性，则素材永远保持原来的姿势与方向运动，不能随运动路径方向的改变而改变。设置自动对齐路径方向的方法是，在时间线上，选中设置了关键帧的素材，执行"图层"→"变换"→"自动方向"命令，在弹出的"自动方向"对话框中选择第2项"沿路径定向"，单击"确定"按钮，此时再检查素材的初始状态，将其方向调整为沿路径方向即可，如图2-4所示。

7. 反转关键帧

反转关键帧可以实现沿原路返回,但不是倒放的效果。先选中(框选)要反转的这一组关键帧,执行"动画"→"关键帧辅助"→"时间反向关键帧"命令。

8. 翻转动画

翻转分水平翻转与垂直翻转。翻转动画的设置方法是:选中要翻转的图层,展开"缩放"属性,在"缩放"属性的参数值上右击,在下拉选择框中执行"编辑值"命令,在"缩放"对话框中,"保留"下拉列表中,选择"无",如图2-5所示,在第1个时间值,单击素材图层的"缩放"属性左边的"钟表"按钮💿,启动缩放关键帧。

将时间指针移到下一个时间位置,如果要设置水平翻转,则将"缩放"属性的X值设定为"-100",如图2-6所示;如果要设置垂直翻转,则将"缩放"属性的Y值设定为"-100"。

图2-4 "自动方向"对话框

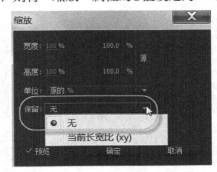

图2-5 "缩放"对话框

图2-6 关键帧设置

 ≫ **项目实施**

《行驶》—— 关键帧动画

通过《行驶》项目的制作,对psd类型素材的导入、关键帧的添加、调整路径的节点、自动沿路径方向的设定、时间反向关键帧等过程的学习,帮助读者逐步掌握AE CC关键帧动画的设置方法。项目完成后的效果,如图2-7所示。

图2-7 《行驶》的制作效果

制作步骤如下。

（1）新建合成

启动AE CC软件，执行"合成"→"新建合成"命令，在打开的"合成设置"对话框中，将"合成名称"命名为"行驶"，"预设"为"PAL D1/DV"，"持续时间"为20s，单击"确定"按钮，如图2-8所示。

（2）导入素材

执行"文件"→"导入"→"文件"命令，在"导入文件"对话框中选定"公路.png"素材和"汽车.psd"素材。在导入过程中，系统会出现"解释素材"对话框，如图2-9所示，单击"猜测"按钮由系统判断处理后，单击"确定"按钮。

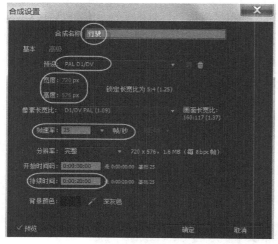

图2-8　"合成设置"对话框

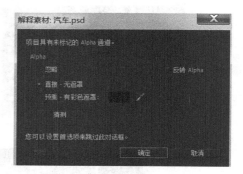

图2-9　"解释素材"对话框

（3）素材加载到时间线上

将"项目"窗口中的"汽车.psd"拖入时间线上；将"公路.png"素材拖入"汽车.psd"素材图层的下面，并单击"公路.png"图层的"锁定"按钮锁定该图层，如图2-10所示。

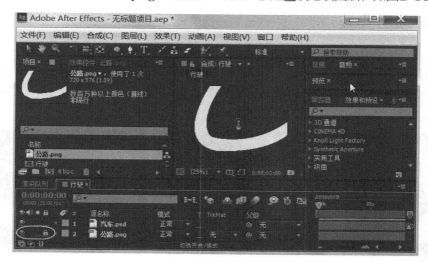

图2-10　将素材加载到时间线上

（4）制作汽车运动动画

1）在时间线上选中汽车，将其拖到"合成"窗口右端公路的入口处，单击"工具"面板中的"旋转工具" ，鼠标变成 箭头，在汽车的任何一个变换句柄上，按住鼠标左键进行旋转，使得车头方向对准公路的方向，如图2-11所示。

2）展开汽车图层的"变换"属性，单击"位置"属性前面的"钟表"按钮 ，添加第一个关键帧，如图2-12所示。

图2-11 调整车头初始方向

图2-12 添加0s时的关键帧

3）将时间指针移到2s处，用"选择工具"指向汽车，然后拖曳到相应的位置，单击时间线上，"位置"左边的 "添加关键帧"按钮。再分别在第4s、6s、8s位置，分别移动汽车到相应位置并分别添加关键帧，如图2-13所示。

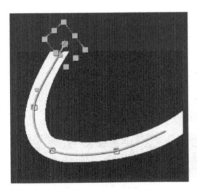

图2-13 汽车的相应时间位置及关键帧

4）单击"预览"面板中的"播放"按钮，发现汽车行驶的路径与公路的弯曲形状不相符，可以单击"工具"面板中的"选择"工具 ，再单击"合成"窗口中的位置运动路径上的节点，拖动调整节点的位置和节点处的切线方向，使得路径弯曲的形状与公路弯曲相符，如图2-14所示。

5）发现行驶过程中汽车的车头没有随着公路的转弯而改变方向，将时间指针移到0s位置，选中汽车图层，执行"图层"→"变换"→"自动方向"命令，弹出"自动方向"对话框，选择"沿路径定向"，单击"确定"按钮，如图2-15所示。

6）单击"预览"面板中的"播放"按钮，发现汽车的行驶是按照路径方向正确行驶，如图2-16所示。

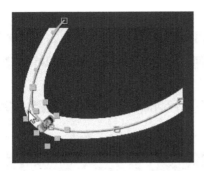

图2-14　调整路径节点的位置及节点切线方向

图2-15　"自动方向"对话框

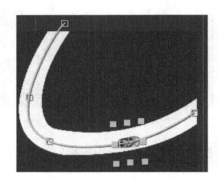

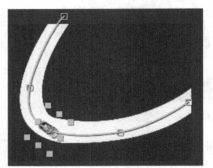

图2-16　预览效果

（5）制作汽车沿原路返回动画

单击选定"汽车"图层，执行"编辑"→"重复"命令，将复制一个"汽车"图层，选定下方的"汽车"图层，按<Enter>键，重命名为"反向汽车"，鼠标拖曳该图层的入点到"00:00:08:00"处，框选该图层的所有关键帧（5个关键帧），执行"动画"→"关键帧辅助"→"时间反向关键帧"命令，拖动"时间线"窗口上"工作区域"滑块至"00:00:16:00"处，此时，"时间线"窗口，如图2-17所示。

图2-17　"时间线"窗口

（6）预览效果

单击"预览"面板中的"播放"▶按钮，进行效果预览。

（7）渲染输出

若对预览效果感到满意时，可以执行"合成"→"添加到渲染队列"命令，在"渲染队列"面板中单击"输出到："右侧的文件名，在弹出的"将影片输出到："对话框中设置影片名称和保存位置，单击"保存"按钮；单击左下角"输出模块"右侧的"无损"按钮，在弹出的"输出模块设置"对话框中单击"格式"右侧的下拉按钮，设置视频的输出格式为FLV格式，单击"确定"按钮退出对话框，单击"渲染"按钮进行渲染。

（8）保存项目文件

执行"文件"→"整理工程（文件）"→"收集文件"命令，完成项目文件保存工作。

 **项目拓展**

《小球绕指定的路径运动》——沿路径运动动画

本项目通过使用钢笔工具画出的曲线路径，设置小球沿路径运动的动画，使学习者掌握素材沿指定路径运动的动画制作方法。项目完成后的效果，如图2-18所示。

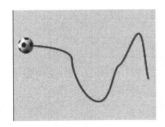 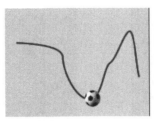 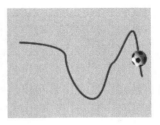

图2-18 《小球绕指定的路径运动》制作效果

制作步骤：

1）导入素材：启动AE CC软件，在"项目"窗口中右击，在弹出的快捷菜单中，执行"导入"→"文件"命令，导入项目2中的素材"足球.psd"。

2）新建合成：执行"合成"→"新建合成"命令。在弹出的"合成设置"对话框中将"合成名称"命名为"小球沿路径运动"，在"预设"中选择"PAL D1/DV"，设置合成的"宽度"为720px，"高度"为576px，"帧速率"为"25帧/秒"，"持续时间"为8s。

3）在"时间线"窗口中右击，在弹出的快捷菜单中，执行"新建"→"纯色"命令，弹出"纯色设置"对话框，如图2-19所示，设定"名称"为"白色"，并在"颜色"框中，单击"颜色"方框，选取"白色"，单击"确定"按钮。

4）单击选定建立的"白色"图层，按<Enter>键，重命名图层为"路径"图层，再次选中"路径"图层，单击"工具"面板中的"钢笔工具"按钮，在"合成"窗口中，单击鼠标添加一个点，在第2个位置单击并按住左键调整路径的弯曲平滑度，依次单击后续几个位置，形成一条路径，如图2-20所示。

图2-19 "纯色设置"对话框

图2-20 使用"钢笔工具"画出的路径

5）在时间线中，右击"路径"图层，在弹出的快捷菜单中，执行"效果"→"生成"→"描边"命令，弹出"效果控件"面板，设定"颜色"为"蓝色"，"画笔大小"为5，如图2-21所示。

6）在"项目"窗口中，将"足球.psd"拖入"路径"图层的上方，单击"路径"图层左边的按钮▶，展开"路径"图层的属性，如图2-22所示。选定"蒙版路径"属性，按<Ctrl+C>组合键复制属性。

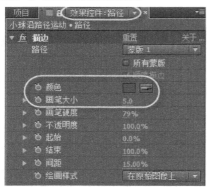

图2-21 描边特效设置

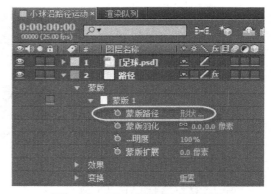

图2-22 展开"蒙版路径"属性

7）展开"足球.psd"图层的"变换"属性，选定"位置"属性，按<Ctrl+V>组合键粘贴属性，修改"缩放"的参数值为35%。"时间线"窗口，如图2-23所示。拖动最后一个关键帧于8s位置，单击"预览"按钮，发现足球绕蓝色路径匀速运动。

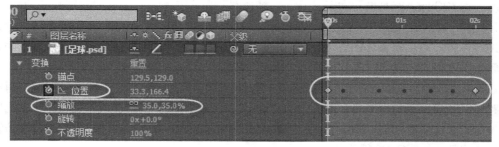

图2-23 "足球.psd"图层的属性设置

8）调整运动速度：将第2个关键帧拖到1s处、第3个关键帧拖到2s处、第4个关键帧拖到2s15帧处、第5个关键帧拖到3s处、第6个关键帧拖到3s15帧处，单击"预览"按钮，发现足球绕蓝色路径运动时，从第2个关键帧至第6个关键帧速度运动速度明显加快，第6个关键帧之后速度最慢。

9）实现足球运动时并转动的效果。在0s处，单击"旋转"属性左边的"钟表"按钮 ⊙ ⌐ 旋转，启动"旋转"属性的关键帧，设置参数为 0x+0.0°，时间指针移到出点，即8s处，添加一个关键帧，并设置参数为 -2x+0.0°，即旋转两周。

10）预览效果：单击"预览"面板中的"播放" ▶ 按钮，进行效果预览。

11）渲染输出：若对预览效果感到满意时，可以执行"合成"→"添加到渲染队列"命令，在"渲染队列"面板中单击"输出到："右侧的文件名，在弹出的"将影片输出到："对话框中设置影片名称和保存位置，单击"保存"按钮；单击左下角"输出模块："右侧的"无损"按钮，在弹出的"输出模块设置"对话框中单击"格式"右侧的下拉按钮，设置视频的输出格式为FLV格式，单击"确定"按钮退出对话框，单击"渲染"按钮进行渲染。

12）保存项目文件

执行"文件"→"整理工程（文件）"→"收集文件"命令，完成项目文件保存工作。

项目3　父子关系

▶ 学习目标

1）掌握多图层动画的设置方法。
2）掌握改变素材锚点的方法。
3）掌握改变层模式、预合成及合成嵌套的方法。
4）掌握设置父子关系的方法。

▶ 知识准备

1. 层及层的产生方式

层是AE CC的基础，所有的素材在编辑时都是以层的方式显示在"时间线"窗口中。画面的叠加是层与层之间的叠加，滤镜效果也是施加在层上的，文字、灯光、摄像机等都是以层的方式出现并被操作的，"层"在AE CC中是非常重要的。

产生层的方式有5种：

1）利用素材产生层：是将"项目"窗口中导入的素材拖曳到"时间线"窗口或"合成"窗口中，产生合成的素材层。

2）利用合成产生层：是将一个合成作为一个层添加到另一个合成中，这种方式也称为合成嵌套。

3）建立纯色层：通常是为了在合成中加入背景图层、添加特效、利用蒙版和层属性建立图形等。

4）建立调节层：是为其下方的层应用效果，而不是在层中产生效果。

5）预合成层：在合成中将某几个选定的层进行预合成为一个小合成而作为一个层嵌套在原合成中。

2. 层属性

将素材拖曳到时间线上，展开素材的图层属性，发现每个素材都有5个固定的基本属性，分别为锚点、位置、缩放、旋转、不透明度，每个属性的左侧有一个"钟表"按钮，作为启动关键帧按钮，如图3-1所示。

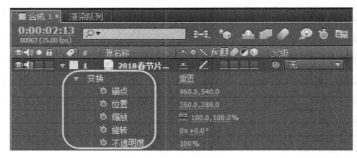

图3-1　图层的基本属性

1）锚点属性：图层的位置、旋转和缩放都是基于锚点来操作的，当进行位移、旋转或缩放操作时，锚点的位置不同，得到的视觉效果也不同。展开锚点属性的快捷键是<A>键。

2）位置属性主要用来制作图层的位移动画。展开位置属性的快捷键为<P>键。

3）缩放属性可以以锚点为基准来改变图层的大小，二维图层的缩放属性由X轴和Y轴两个参数组成，三维图层的缩放属性由X轴、Y轴和Z轴三个参数组成，在缩放图层时，开启图层缩放属性前面的"锁定缩放" 按钮，可以进行等比例缩放。展开缩放属性的快捷键为<S>键。

4）旋转属性是以锚点为基准旋转图层。二维图层的旋转属性由"圈数"和"度数"两个参数组成，如2×50°（表示旋转2圈又50°），对于三维图层的缩放属性有四个参数，分别是方向、X轴旋转、Y轴旋转和Z轴旋转，如图3-2所示，其中方向可同时设定X、Y、Z三个轴的方向。展开缩放属性的快捷键为<R>键。

5）不透明度属性是以百分比的方式来调整图层的透明度。展开不透明度属性的快捷键为<T>键。

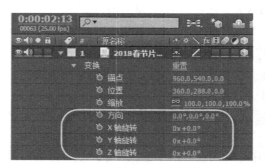

图3-2　三维图层旋转属性

3. 层的基本操作

层的基本操作包括层的选择、设置入出点、层的复制、分裂、层的自动排序等。

1）选择层：操作图层时，首先要选定该层，AE CC支持用户对层进行单个或多个的选择，利用工具栏上"选取工具" ▶ 单击时间线上要选择的层。如果要选择多个层时，可配合<Ctrl>键或<Shift>键。

2）重命名图层名称：首先在"时间线"窗口选中要修改名称的层，然后按<Enter>键，再输入新的名称即可。

3）层的删除：在"时间线"窗口选择要删除的层，按<Delete>键即可。

4）层的复制：在"时间线"窗口选择要复制的层，按<Ctrl+D>组合键即可。

5）拆分图层：按住<Shift+Ctrl+D>组合键，或者执行菜单命令"编辑"→"拆分图层"，可以将时间线上选中的素材在当前时间指针处截为两部分。这样的操作可以保留被剪辑的两个部分，继续进行处理。

6）层的替换：在"时间线"窗口中选择要替换的层，按住<Alt>键，在"项目"窗口中，选择另一个素材到要替换的层的位置。

7）层的精确对位：在"时间线"窗口中，将素材精确地放到某个时间处，一般是用素材的入点进行时间对位。按住<Shift>键，在"时间线"窗口中拖曳层进行移动，会强制层的起点和当前时间标志，与另一层的入点或出点对齐。

8）设置层入出点：双击要修改层的合成图像窗口，就可切换到层的设置窗口。在层窗口中，移动入点和出点的标识到新入点和出点的位置。

9）层的自动排序：在后期剪辑的过程中，很多时候需要将大量的素材进行首尾相连，如果采取人工的方式无疑是十分麻烦的一件工作，需要一直不停地将层的首尾位置进行移动，如果需要对素材进行转场特效设置更会给操作带来巨大的麻烦，而在AE CC中提供了十分智能的"序列图层"操作来对层进行自动排序。

全选图层，然后执行"动画"→"关键帧辅助"→"序列图层"命令，打开"序列图层"对话框，如果不需要层与层之间有重叠的转场特效，可直接单击"确定"按钮。操作后，层从上到下排序，如果想手动选择层的先后顺序，可先选中需要让它位于最前面的层，按住<Ctrl>键，再按排列顺序依次单击选择图层，即可完成手动选择排序。

4. 层模式

1）正常模式：当不透明设置为100%时，此合成模式将根据Alpha通道正常显示当前层，并且层的显示不受其他层的影响；当不透明度设置小于100%时，当前层的每一个像素点的颜色将受到其他层的影响，根据当前的不透明度值和其他层的色彩来确定显示的颜色。

2）溶解模式：该合成模式将控制层与层间的融合显示。因此该模式对于有羽化边界的层起到较大的影响。如果当前层没有遮罩羽化边界或该层设定为完全不透明，则该模式几乎不起作用。所以该模式最终效果受到当前层的Alpha通道的羽化程度和不透明度的影响。

3）动态抖动溶解模式：该模式和溶解模式相同，但它对融合区域进行了随机动画。

4）变暗模式：用于查看每个通道中的颜色信息，并选择基色或混和色中较暗的颜色作为结果色。

5）变亮模式：与变暗模式相反，用于查看每个通道中的颜色信息，并选择基色或混合色中较为明亮的颜色作为结果色。比混合色暗的象素被替换，较亮的则就保持不变。

6）相乘模式：一种减色混合模式，将基色与混和色相乘，形成一种光线透过两张叠加在一起的幻灯片效果，结果呈现出一种较暗的效果。任何颜色与黑色相乘产生黑色，与白色相乘则就保持不变。

7）屏幕模式：一种加色混合模式，将混合色和基色相乘，呈现出一种较为亮的效果。该模式与相乘模式相反。

8）线性加深：用于查看每个通道中的颜色信息，并通过减小亮度使基色变暗以反映混和色。与黑色混合则不变化。

9）线性减淡：用于查看每个通道中的颜色信息，并通过增加亮度使基色变亮以反映混合色。与黑色混合不发生任何变化。

10）颜色加深模式：通过增加对比度使基色变暗以反映混和色，若混合色为白色则不产生变化。

11）颜色减淡模式：通过减小对比度使基色变亮以反映混合色，若混合色为白色不发生变化。

12）经典颜色加深模式：通过增加对比度使基色变暗以反映混合色，优化于颜色加深模式。

13）经典颜色减淡模式：通过减小对比度使基色变亮以反映混合色，优化于颜色减淡模式。

14）相加模式：将基色与混合色相加，得到更为明亮的颜色。混合色为纯黑或纯白时不发生变化。

15）叠加模式：复合或过滤颜色，具体取决于基色。颜色在现有的像素上叠加，同时保留基色的明暗对比。不替换颜色，但是基色与混和色相混以反映原色的亮度或暗度。该模式对于中间色调影响较明显，对于高亮度区域和暗调区域影响不大。

16）柔光模式：使颜色变亮或变暗，具体取决于混合色。此效果与发散的聚光灯照在图像上相似。若混合色比50%灰色亮图像就变亮好比被减淡了一样；若比50%灰色暗则图像变暗就像被加深了一样。用纯黑或纯白色绘画产生明显较暗或较亮的区域，但不会产生纯黑或纯白色。

17）强光模式：符合或过滤颜色，具体取决于混合色。与耀眼的聚光灯照在图像上相似。若混合色比50%灰色亮则图像就变亮像过滤后的效果，这对于向图像中添加高光非常有用；若混合色比50%灰色暗则图像就变暗就像复合后的效果，有利于向图像中添加暗调。用纯黑或纯白色绘画会产生纯黑或纯白色。

18）线性光模式：通过减小或增加亮度来加深或减淡颜色，具体取决于混和色。若混合色比50%灰色亮则通过增加亮度使图像变亮；混合色比50%灰色暗则通过减小亮度使图像变暗。

19）亮光：通过减小或增加亮度来加深或减淡颜色，具体取决于混和色。若混合色比50%灰色亮则就减小对比度使图像变亮；若混合色比50%灰色暗则通过增加对比度使图像变暗。

20）点光：替换颜色，具体取决于混合色。若混合色比50%灰色亮则替换比混合色暗的像素而不改变比混和色亮的像素；若混合色比50%灰色暗，则替换比混合色亮的像素，而不改变比混合色暗的像素，这对于向图像中添加特效时非常有用。

21）差值：从基色中减去混合色，或从混合色中减去基色具体取决于那个颜色的亮度更大。与白色混合将翻转基色值；与黑色混合则不产生变化。

22）典型差值：从基色中减去混合色，或从混合色中减去基色，优于差值模式。

23）排除：创建一种与差值模式相似但对比度更低的效果与白色混合将翻转基色值；与黑色混合则不产生变化。

24）色相：用基色的亮度和饱和度以及混合色的色相创建结果色。

25）饱和度：用基色的亮度和色相以及混合色的饱和度创建结果色。在无饱和度（灰色）的区域上用此模式绘画不会产生变化。

26）颜色：用基色的亮度以及混合色的色相和饱和度创建结果色，这样可以保留图像中的灰阶，并且对于给单色图像上色和给彩色图像着色都非常有用。

27）亮度：用基色的色相和饱和度以及混合色的亮度创建结果色，效果与颜色模式相反。该模式是除了正常模式以外唯一能够完全消除纹理背景干扰的模式。

上述的层模式，通过混和色和基色的颜色通道影响而进行混色变化。AE CC中还可以通过Alpha通道影响混合变化。

28）Alpha通道模版：该模式可以穿过Stencil层的Alpha通道显示多个层。

5. 设置对象的锚点

锚点是对象的旋转和缩放等设置的坐标中心，随着锚点位置的变化，对象的运动状态也会发生变化。

1）手动方式改变锚点位置：单击"工具"面板内的◈按钮，在"合成"窗口中拖曳锚点到新的位置来改变锚点的位置。其优点是可以随时在"合成"窗口中观察锚点的位置移动情况。

2）以数字方式改变锚点的位置适合于需要精确对位的动画，使用者需要将一个对象的中心点和另一个对象对齐的时候，可以采用这种方式。用户需要对锚点属性进行设置，展开素材的锚点属性，右击锚点的参数值，在出现的菜单中执行"编辑值"命令，弹出"锚点"对话框，在对话框中设置X与Y的值，如图3-3所示。

图3-3　精确设置锚点的位置

6. 父子关系

在影视合成中，有时需要让一个素材跟随另一个素材进行各种变换，可以建立这两个素材的父子关系，只要变换父素材的属性，子素材的属性也会同步发生变化。

方法是：将两个素材拖到时间线上，单击时间线上子素材对应的父级栏的下拉列表，指定相应的图层为父图层，如图3-4所示。

图3-4　设定"照片2"的父级为"照片1"

7. 预合成

在一个合成中，选中需要合并的图层，执行"图层"→"预合成"命令，或者按<Ctrl+Shift+C>组合键，弹出"预合成"对话框，在"新合成名称"中输入新合成的名称，选择第2项，这些图层将以一个合成层的形式出现，如图3-5所示。

8. 合成嵌套

将"项目"窗口中已经编辑好的一个合成，拖入一个新建的合成中，形成合成嵌套，如图3-6所示。

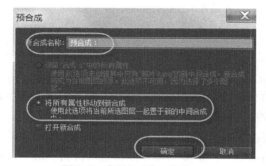

图3-5　"预合成"对话框

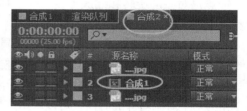

图3-6　"合成2"中嵌套了"合成1"

　**项目实施**

《花开争艳》——父子关系

本项目通过制作多图层动画，利用合成嵌套、建立父子关系，调整锚点的位置等实现复杂的精彩动画。项目的制作效果，如图3-7所示。

图3-7　《花开争艳》制作效果

制作步骤如下。

（1）新建合成

启动AE　CC软件，执行"合成"→"新建合成"命令，在打开的"合成设置"对话框中，将"合成名称"命名为"合成1"，设置合成的"预设"为"自定义"，尺寸为720像素×576像素，"像素长宽比"设为"方形像素"，"帧速率"设为25帧/秒，"持续时间"为20s，背景颜色为白色。

（2）导入素材

在"项目"窗口中的空白地方双击，弹出"导入文件"对话框，选择要导入的素材，将所有素材导入到"项目"窗口中，并进行分类管理，单击选定"花开.mp4"视频素材，发现素材的帧速率为29.97帧/秒，如图3-8所示，需要修改为25帧/秒。右击"花开.mp4"视频素材，执行"解释素材"→"主要"命令，弹出"解释素材"对话框，将"匹配帧速率"改为"25帧/秒"，单击"确定"按钮，如图3-9所示。

图3-8 "项目"窗口

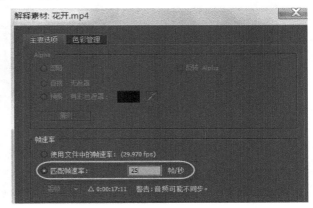

图3-9 "解释素材"对话框

（3）多图层动画同步设置

1）双击"项目"窗口中的图片文件夹，将"1.jpg""2.jpg""3.jpg""4.jpg"拖曳到"时间线"窗口中，按<Ctrl+A>组合键全部选中，按<S>键展开"缩放"属性，设置"缩放"为70%，单击"合成"窗口下方的"选择网格和参考线"按钮，在下拉选项中选择"网格""参考线"，进行对齐参考，分别用鼠标拖动各素材的位置，调整好之后，隐藏网格和参考线，如图3-10所示。

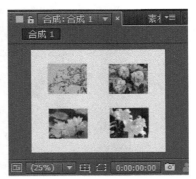

图3-10 调整素材在合成中的位置

2）选中所有图层，按<P>键，展开"位置"属性，将时间指针移到第2s处，分别启动4个图片素材的"位置"关键帧，再将时间指针移到第0s处，按住<Shift>键，分别将4张图片沿水平和垂直方向拖到画面外，制作4张图片由画面外交叉移动到画面中的动画，如图3-11所示，单击"预览"面板中的"播放"按钮，预览一下效果。

3）将时间指针移到第2s处，按<Ctrl+A>组合键或者在时间线上框选，全部选中4个素材，按<R>键，展开旋转属性，启动"旋转"关键帧，指针移到第4s处，设置"旋转"参数为1周，如图3-12所示。

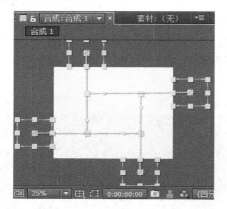

图3-11 0s时素材的位置

图3-12 第4s处素材的"旋转"属性设置

注意：<Shift>键在AE CC中起锁定的作用，配合该键进行操作，可以锁定水平、垂直移动层，按比例缩放层或者按45°旋转层等。另外，当<Caps Lock>键处于激活的状态下，"合成"窗口则无法显示影片内容，会出现一个红色方框。

（4）合成嵌套

1）执行"合成"→"新建合成"命令，新建一个合成，命名为"合成2"，合成2的参数与合成1参数设置相同。

2）将"项目"窗口中的"合成1"拖曳到合成2的时间线中，将时间指针移到第4s处，选中该图层，按<R>键，打开"旋转"属性，启动"旋转"关键帧；将时间指针移到第8s处，设置"旋转"参数值为1周45°，使得4张图片同时做旋转动画，如图3-13所示。

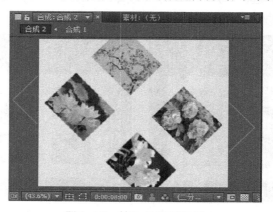

图3-13 第8s处显示效果

3）设置第4s至第8s时的"不透明度"动画效果。将时间指针移到第4s处，按<T>键展开"不透明度"属性，按"不透明度"属性左侧的"钟表"按钮，启动"不透明度"关键帧，时间指针移到第5s处，设置"不透明度"属性为50%，如图3-14所示。

图3-14　第5s处"不透明度"属性

（5）设置电视素材动画

1）在"项目"窗口中，在视频文件夹中，单击选定"动态背景.avi"素材，单击鼠标右键，在弹出的快捷菜单中，执行"解释素材"→"主要"命令，弹出"解释素材"对话框，设定"帧速率"为"25帧/秒"，"循环次数"为7，如图3-15所示。

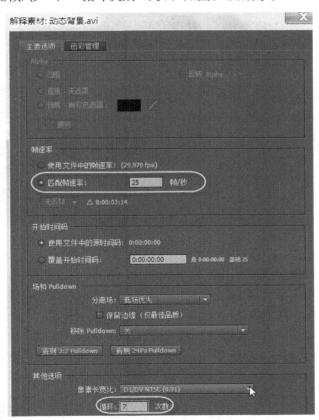

图3-15　"解释素材"对话框

2）在合成2中，将动态背景素材拖曳到时间线的底层，按<Ctrl+Alt+F>组合键，使得动态背景画面撑满整个合成窗口。在"项目"窗口中，将图片文件夹中的"TV.tga"素材拖曳到时间线的最上层，将时间指针移到第2s处，选中"TV.tga"素材层，按<Alt+[>组合键，使得该图层的入点到第2s处，如图3-16所示。

3）制作电视的缩放动画：将时间指针移到第2s处，选中"TV.tga"素材层，按<S>键展开"缩放"属性，启动"缩放"关键帧，设置参数值为300%，将指针移到第3s处，设置"缩放"数值为100%，预览效果，发现电视画面从中心向四周缩放。单击"工具"面板中的"向后平移（锚点）工具"，将锚点移到电视的左下角，这样电视就以左下角为中心进行缩放，如图3-17所示。

图3-16　调整素材的入点于第2s处　　　　图3-17　锚点移到左下角

4）制作电视的渐显动画：将时间指针移到第2s处，按<T>键打开"不透明度"属性，启动"不透明度"关键帧，设置数值为0%，指针移到第3s处，设置"不透明度"属性的值为100%。

5）制作电视的旋转1周的动画：将时间指针移到第5s处，按<R>键打开"旋转"属性，启动"旋转"关键帧，将时间指针移到第8s处，设置"旋转"数值为1周，如图3-18所示。

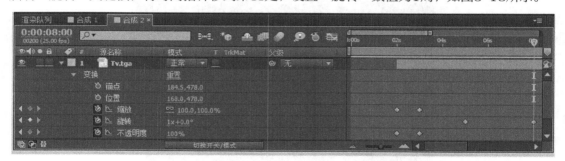

图3-18　设置"旋转"属性

（6）建立电视与视频的父子关系

1）在"合成2"中，将"项目"窗口中"视频"文件夹中的"花开.mp4"素材拖曳到上层，拖动该图层在时间线上移动，使得其入点与电视的入点相同。

2）因为第2s处电视的"不透明度"为0，看不到显示，无法对位。所以将时间指针移到第3s处，设置"缩放"属性的值为50%，调整"位置"属性的Y值为257，X值不变。指定"花开.mp4"素材的"父级"为"TV.tga"，如图3-19所示。

图3-19　设置图层的父子关系

3）将时间指针移到第2s处，选中"花开.mp4"素材，按<T>键打开"不透明度"属性，启动关键帧，设置该关键帧的参数值为0%。将时间指针移到第3s处，设置该关键帧的参数值为100%，如图3-20所示。

图3-20　设置"不透明度"属性

（7）添加背景音乐

将"项目"窗口"音频"文件夹中的音频素材拖曳到"时间线"窗口的最下层。

（8）确定渲染区域

拖动时间线上的"工作区域"滑块，拖到"00:00:19:11"处，确保渲染区域中不至于有空白内容。

（9）预览效果

单击"预览"面板中的"播放" ▶ 按钮，进行效果预览。

（10）渲染输出

若对预览效果感到满意时，可以执行"合成"→"添加到渲染队列"命令，在"渲染队列"面板中单击"输出到："右侧的文件名，在弹出的"将影片输出到："对话框中设置影片名称和保存位置，单击"保存"按钮；单击左下角"输出模块："右侧的"无损"按钮，在弹出的"输出模块设置"对话框中单击"格式"右侧的下拉按钮，设置视频的输出格式为FLV格式，单击"确定"按钮退出对话框，单击"渲染"按钮进行渲染。

（11）保存项目文件

执行"文件"→"整理工程（文件）"→"收集文件"命令，完成项目文件的保存工作。

 ➤➤ **项目拓展**

《星球大战》——层模式应用

本项目通过制作多图层动画，利用层模式的改变、预合成的建立、图层属性的设置、特效的添加等，掌握层的概念、层的属性设置以及动画的设置方法。项目的制作效果，如图3-21所示。

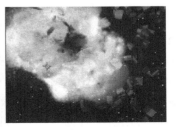

图3-21　《星球大战》制作效果

制作步骤如下。

（1）导入素材

启动AE CC软件，在"项目"窗口中双击，在打开的"导入文件"对话框中，选择所有的素材，进行导入。在"项目"窗口中，分别选中导入的"爆炸.mp4""飞行器.mp4""陨石.mp4"，执行"文件"→"解释素材"→"主要"命令，在打开的"解释素材"对话框中，将"匹配帧速率"由"30帧/秒"改为"25帧/秒"，如图3-22所示。由于"陨石.mp4"素材的时长较短，在其"解释素材"对话框中，将其"循环"值改为2，即循环2次，如图3-23所示。

图3-22　修改素材的帧速率

图3-23　设置"陨石.mp4"素材的循环次数

（2）创建合成

1）将"项目"窗口中的"飞行器.mp4"拖入到"项目"窗口中下方的"新建合成"按钮上，就创建了一个与"飞行器.mp4"素材画面大小一致的合成。并且在时间线上自动添加了"飞行器.mp4"素材图层。此时，将该图层的"模式"改为"屏幕"模式，如图3-24所示。

2）将"项目"窗口中的"陨石.mp4"素材拖曳到"时间线"窗口中"飞行器.mp4"素材图层的下方，并将图层模式改为"屏幕"模式。按<S>键，打开"缩放"属性，将"缩放"值设为25%，并将缩小后的"陨石.mp4"拖曳到屏幕右侧边缘位置。将时间指针定位于0s处，按<P>键，展开层的位置属性，单击"位置"左侧的"钟表"按钮，启动位置关键帧，将时间指针移动第4s的位置处，按住<Shift>键，同时拖动"陨石.mp4"到屏幕左侧外边缘位置，产生了素材的位置移动动画，"合成"窗口，如图3-25所示。

图3-24　修改图层模式

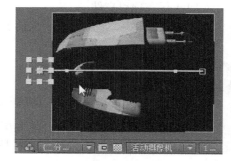

图3-25　形成陨石的位置动画

（3）添加多个"陨石"层

1）将时间移到第2s处，将"项目"窗口中的"陨石.mp4"素材拖曳到"合成"窗口的右侧，如图3-26所示。选中该图层，按<Enter>键，重命名为"中陨石.mp4"，调整该图层的位置，使得"中陨石.mp4"图层到"飞行器.mp4"下方，设置该图层模式为"屏幕"。

2）选中"中陨石.mp4"图层，按<Ctrl+D>组合键，复制一个新图层，并且重命名为"大陨石.mp5"，拖动"大陨石.mp5"层到"飞行器.mp4"上方，"时间线"窗口，如

图3-27所示，设置该图层模式为"屏幕"。

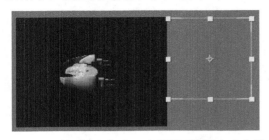
图3-26 将"项目"窗口中的陨石拖到合成右侧

图3-27 "时间线"窗口

3）设置"中陨石.mp4"动画。选中该图层，按<S>键，将其缩小到50%，确保当前时间为第2s处，按<P>键，展开位置属性，单击位置左侧的"钟表"按钮，启动位置关键帧，将时间指针定位于第7s处，将该位置属性参数栏上拖动左侧的X坐标，使其位于屏幕外，如图3-28所示。

4）设置"大陨石.mp5"动画。将当前时间移到第2s处，选中"大陨石.mp5"图层，按<P>键展开其位置属性，单击位置左侧的"钟表"按钮，启动位置关键帧，将时间指针定位于第7s处，在"合成"窗口中按住<Shift>键水平移动"大陨石"到如图3-29所示的位置。

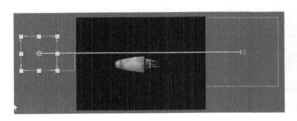
图3-28 "中陨石"位置移动动画

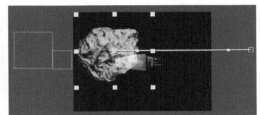
图3-29 "大陨石"位置移动动画

（4）制作繁星点点的星空背景

1）将时间指针定位于0s处，执行"图层"→"新建"→"纯色"命令，在新建"纯色图层"对话框中，"名称"设置为"星空"，单击"确定"按钮。将"星空"图层拖曳到最下方。

2）除"星空"图层外，暂时隐藏其他图层，单击其他图层各自左侧的"显示与隐藏" 👁 按钮可以隐藏。

3）右击"星空"图层，在弹出的快捷菜单中，执行"效果"→"模拟"→"粒子运动场"命令，添加一个粒子特效。把时间指示器向后拖几帧，就可以看到粒子效果。

4）在弹出的"特效控制"对话框中，展开"发射"选项，设置"方向"为90°，产生从左到右的发射方向，将粒子"颜色"改为白色。选中粒子开始处的"圆形发射器"图标，拖曳到"合成"窗口的左侧。

5）AE CC默认，为粒子施加一个重力影响，而太空是没有重力的，因此，展开"重力"选项，设定"力"为0，如图3-30所示。

6）再次展开"发射"选项，将"圆筒半径"设为250；"随机扩散方向"会产生一个飞溅扩散效果，当设为0时，则产生始终从左到右的水平移动；"速率"设定为550，速率决定了以何种速度喷射，"发射"参数设置，如图3-31所示。

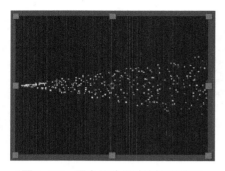

图3-30　重力设为0时的粒子效果

图3-31　"发射"参数设置

　　取消对每个图层的"隐藏"显示，单击"预览"面板中的"播放"按钮，可以看到星空背景，但是，在影片开始部分是没有星空效果的，这是因为粒子还未喷射出来。在"时间线"窗口中选择"星空"图层，将其向左拖动，可以实现在开始时有星空效果了。但是，星空的时长又不够了。单击"时间线"窗口左下角的 按钮，展开层的时间控制栏，拖动"伸缩"值，使其与合成的长度相同，如图3-32所示。

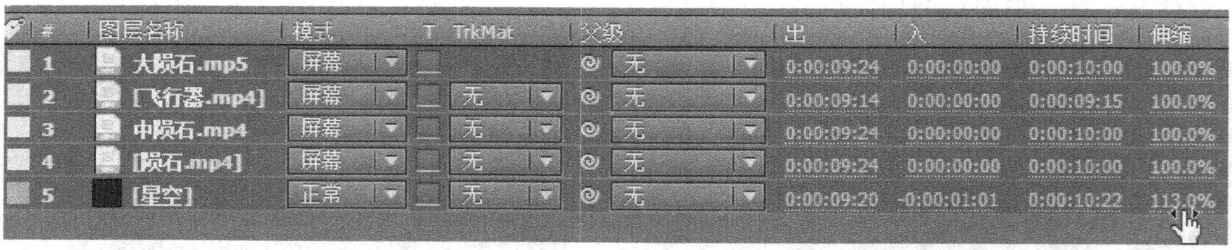

图3-32　修改图层的"伸缩"值

　　（5）实现大陨石的爆炸效果

　　1）再次暂时隐藏除"大陨石"图层外的其他图层。

　　2）因为爆炸需要全屏幕的，而当前大陨石层的尺寸小于合成的尺寸，一般情况下，特效都会被约束在层的大小空间中。选择"大陨石"图层，按<Ctrl+Shift+C>组合键进行预合成，在弹出的"预合成"对话框中选择第2项，单击"确定"按钮，如图3-33所示。

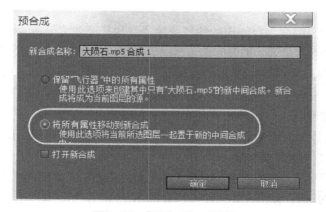

图3-33　"预合成"对话框

3）右击预合成"大陨石.mp5合成1"图层，执行"效果"→"模拟"→"碎片"命令。在打开的"特效控制台"对话框中，"视图"设置为"已渲染"，这样就可以看到直观效果了。

4）将时间指针移到第7s处，展开"作用力1"选项，"强度"设为50；单击"位置"右边的■按钮，"合成"窗口中会出现十字线，将其移到大陨石的中心。拖动"深度"右边参数的值，观察"合成"窗口中的效果，当"合成"窗口中出现没有爆炸的图像时停止拖动参数值，单击左边的"钟表"按钮，记录第一个关键帧，即爆炸将在当前时间开始之前，陨石保持正常状态，如图3-34所示。"深度"控制力的深度，即力在Z轴上的位置，"半径"的值越大，则目标受力面积也就越广，当力的半径为0时，目标则不会发生任何变化；"强度"值越高，碎片飞得越远，值为负，飞散方向与正值时相反，强度为0时，无法产生飞散的爆炸效果。

5）将"时间指示器"移动到7s15帧左右时，拖动"深度"的参数，设定为0，可看到陨石爆裂成碎片四处飞散，如图3-35所示。预览影片看到，同前面使用粒子产生有相同的问题，爆破的碎片最后受重力的影响而下坠，展开"物理学"参数栏，将"重力"设为0。

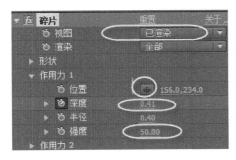

图3-34　特效设置

图3-35　爆炸效果

6）爆炸后应该产生极不规则的碎片效果，因此，展开"形状"参数栏，"图案"设为"玻璃"；"重复"设为50，值越大，碎片越多；"凸出深度"设为0.7，值越大，碎片越厚。

7）关闭"特效控制台"对话框，选中预合成"大陨石.mp5合成1"图层，将时间指针移到8s处，按<T>键展开不透明度属性，单击"钟表"按钮，激活关键帧，将时间指针移到9s处，设定不透明度属性值为0，实现爆炸后的碎片逐渐消失。

8）为陨石加入爆裂后产生的火焰。将时间指针移到7s处，将"项目"窗口中的"爆炸.mp4"素材，拖曳到时间线中"大陨石"图层之上，选中"爆炸"图层，单击"时间线"窗口左下角的■按钮，展开层的时间控制栏，拖动"伸缩"值，使其到原始速度的20%，并将其入点拖到7s处，如图3-36所示。移动"爆炸"素材的位置，使其与"大陨石"重叠，并且将其放大。

将"爆炸.mp4"图层的层模式设为"屏幕"模式或"相加"模式，否则，"爆炸.mp4"图层会覆盖"大陨石"图层及其他图层，看不到下面图层的效果。

图3-36　设置"爆炸"图层的速度及入点

（6）添加背景音乐

将"项目"窗口中的"配乐.wav"素材拖曳到时间线的最下层，并恢复所有图层的显示。

（7）预览效果

因为有背景音乐，所以，单击"预览"面板中的"RAM预览"按钮进行预览。

（8）渲染输出

若对预览效果感到满意时，可以执行"合成"→"添加到渲染队列"命令，在"渲染队列"面板中单击"输出到："右侧的文件名，在弹出的"将影片输出到："对话框中设置影片名称和保存位置，单击"保存"按钮；单击左下角"输出模块："右侧的"无损"按钮，在弹出的"输出模块设置"对话框中单击"格式"右侧的下拉按钮，设置视频的输出格式为FLV格式，单击"确定"按钮退出对话框，单击"渲染"按钮进行渲染。

（9）保存项目文件

执行"文件"→"整理工程（文件）"→"收集文件"命令，完成项目文件的保存工作。

第2单元　AE CC的蒙版与形状应用

项目4　蒙版动画制作

▶ 学习目标

1）掌握蒙版路径的建立与编辑方法。

2）掌握利用蒙版属性制作动画的方法。

3）掌握轨道遮罩的使用方法。

▶ 知识准备

1. 蒙版

蒙版也被称为遮罩，是指用线段和控制点来定义一个区域，以遮挡画面中的某一部分，从而提取需要的部分。提取图层某一部分用于合成、绘制矢量图、创建描边效果、被特效调用等。

2. 蒙版工具

（1）规则蒙版工具

"工具"面板中的"矩形"组包括5种，如图4-1所示。

（2）不规则蒙版工具

利用"工具"面板中的"钢笔工具"组，可以制作不规则的蒙版图层，包括5种工具，如图4-2所示。

图4-1　规则蒙版工具　　　图4-2　不规则蒙版工具

3. 建立蒙版的方法

（1）建立规则蒙版

1）在时间线上选中素材图层。

2）在"工具"面板中选择规则蒙版工具，在"合成"窗口中找到起始位置，按住鼠标左键拖动至结束位置。

> 注意：当按住<Shift>键拖曳时，可产生蒙版的宽和高为同比例。例如，选择"椭圆工具"并按住<Shift>键拖曳，可产生一个圆形的蒙版；当按住<Ctrl>键拖曳时，从蒙版中心开始建立蒙版。

（2）建立不规则蒙版

1）在时间线上选中素材。

2）利用"工具"面板中的"钢笔工具"，在"合成"窗口中找到起始位置，单击产生控制点。

3）将鼠标移到下一个控制点位置，单击产生控制点。根据需要，连续进行多个控制点的产生，直到最后单击第一个控制点，形成封闭的蒙版路径。

> 注意：单击产生控制点时，按住鼠标左键拖动，控制点会产生控制方向的控制柄，改变控制柄的方向和长度，将影响路径的弯曲程度，从而产生曲线蒙版路径。

（3）输入数据创建蒙版

1）选中素材图层。

2）执行"图层"→"蒙版"→"新建蒙版"命令，系统自动沿当前层边缘建立一个矩形蒙版。

3）执行"图层"→"蒙版"→"蒙版形状"命令，打开"蒙版形状"对话框，在"边界栏"中可输入蒙版的范围参数，并可设置单位；在"形状"栏中可选择蒙版形状，如矩形或椭圆形，如图4-3所示。

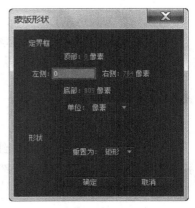

图4-3 "蒙版形状"对话框

（4）使用第三方软件创建蒙版

AE CC可以使用Photoshop、Illustrator等其他软件绘制的路径来创建蒙版，例如，先在Photoshop中绘制路径，然后选中路径并进行复制<Ctrl+C>组合键，再切换到AE CC中，选择要设置蒙版的层后，按<Ctrl+V>组合键粘贴蒙版。

4. 编辑蒙版形状

（1）移动、缩放、旋转蒙版

1）在"工具"面板中单击"选择工具"。在"合成"窗口中单击目标蒙版（或者在时间线上单击对应的素材层），显示出蒙版路径。双击蒙版路径的控制点，出现控制框。

2）将鼠标放到控制框中拖曳可移动蒙版路径。

3）将鼠标移到控制框的控制点上，可缩放蒙版路径。

4）将鼠标移到控制框的控制点外侧，可旋转蒙版路径。

（2）修改蒙版路径形状

1）在"工具"面板中单击"选择工具"。在"合成"窗口中单击目标蒙版（或者在时间线上单击对应的素材层），显示出蒙版路径。

2）单击所要选择的控制点，并进行移动改变控制点的位置。

3）如果要增加控制点，则可用添加"顶点"工具 添加"顶点"工具，在蒙版路径上单击。

4）如果要删除控制点，则可用删除"顶点"工具 删除"顶点"工具，单击需要删除的控制点。

5）使用转换"顶点"工具 转换顶点工具单击控制点，可以实现直线控制点和曲线控制点之间的转换。

5. 蒙版属性

对素材添加蒙版后，素材自动会出现蒙版属性。

1）蒙版路径：由蒙版路径控制点确定蒙版形状。

2）蒙版羽化：设置羽化值来改变蒙版边缘的软硬度。

3）蒙版不透明度：设置不透明度值改变蒙版内图像的不透明度。

4）蒙版扩展：将数值设为正数或负数，可对蒙版进行扩展或收缩。

5）反转：是否勾选该项将决定蒙版路径以内或以外是否为透明区域。

通过对蒙版属性设置关键帧，可产生蒙版动画。

6. 蒙版的混合模式

如果在一个图层中绘制多个蒙版，多个蒙版相叠加的运算方式称为蒙版的混合模式，默认模式为"相加"，展开混合模式列表，共有7种模式，如图4-4所示。默认蒙版1（矩形，位于上方）为相加模式，对第2个蒙版（设定为圆形蒙版），进行混合模式设定。

（1）相加模式

使当前蒙版与其上方蒙版相加，显示所有蒙版范围内容，蒙版相交的部分的不透明度相加。设定两个蒙版的不透明度都为50%，如图4-5所示。

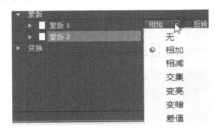

图4-4 "蒙版"的模式

图4-5 "相加"模式的效果

（2）相减模式

在上面蒙版范围的基础上减去当前蒙版，被减去的部分设为透明，如图4-6所示。

（3）交集模式

只保留当前蒙版与其上方蒙版的交集部分，其他部分设为透明，如图4-7所示。

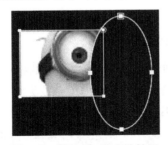

图4-6 "相减"模式的效果

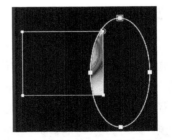

图4-7 "交集"模式的效果

（4）变亮模式

与"相加"模式相似，蒙版范围相加。但在相交部分的不透明度则以参数值高的为准。例如，矩形蒙版的不透明度为100%，圆形蒙版的不透明度为50%，相交部分的不透明度则为100%，如图4-8所示。

（5）变暗模式

与交集模式相似，只保留交集部分，但在相交部分的不透明度则以参数值低的为准。例如，矩形蒙版的不透明度为100%，圆形蒙版的不透明度为50%，相交部分的不透明度则为50%，如图4-9所示。

（6）差值模式

与交集模式相反，只保留当前蒙版与其上层蒙版的非交集部分，相交部分设为透明，如图4-10所示。

 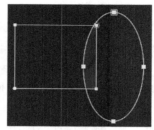 

图4-8 "变亮"模式的效果　　　图4-9 "变暗"模式的效果　　　图4-10 "差值"模式的效果

7. 轨道遮罩

轨道遮罩是利用上一个图层的黑白信息控制下一个图层的显示区域。单击下面图层的TrkMat栏的下拉列表，选择要指定上一图层的遮罩形式，如图4-11所示。

图4-11 "轨道遮罩"下拉列表

 **项目实施**

《画轴的打开与回卷》—— 蒙版动画

通过《画轴的打开与回卷》项目的制作，对psd类型素材的导入、关键帧的添加、蒙版控制点的添加和移动、蒙版属性的设置等过程的学习，帮助读者逐步掌握AE CC蒙版动画的设置方法，掌握利用蒙版路径控制素材的显示，并制作相应的动画效果。项目完成后的效果，如图4-12所示。

图4-12 《画轴的打开与回卷》的制作效果

制作步骤如下。

（1）新建合成

启动AE CC软件，执行"合成"→"新建合成"命令，在打开的"合成设置"对话框中，将"合成名称"命名为"画轴的打开与回卷"，"预设"为"PAL D1/DV"，"像素长宽比"为"方形像素"，"持续时间"为15s，单击"确定"按钮。

（2）导入素材

双击"项目"窗口的空白处，在"导入文件"对话框中，选择要导入的"画轴.psd"文件，"导入种类"选择"合成-保持图层大小"，"图层选项"选择"合并图层样式到素材"如图4-13所示，再导入其他素材。展开"项目"窗口中的"画轴"文件夹，此时"项目"窗口，如图4-14所示。

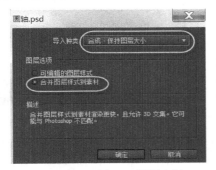

图4-13　导入psd类型素材　　　　　图4-14　"项目"窗口

（3）制作画轴的展开

1）将"画面/画轴.psd"拖曳到时间线上，将"梅花/画轴.psd"放到其上层，"画轴/画轴.psd"放到最上层。

2）框选时间线上的3个图层，按<S>键，展开"缩放"属性，输入参数值为22%，如图4-15所示，单击选定"梅花"图层，在"合成"窗口中拖曳梅花的位置，使其紧靠上边，如图4-16所示。

图4-15　"时间线"窗口　　　　　　图4-16　"合成"窗口

3）时间指针置于0s位置，选定"画轴"图层，连续按键盘上的左移键<←>，使得画轴的位置与画面上的左轴重合为止。此时，选定画轴图层，按<P>键，展开其位置属性，单击"位置"左面的"钟表"按钮 来启动关键帧，将时间置于3s处，连续按键盘上的右移键<→>，使得画轴的位置与画面上的右轴重合为止，这样就自动建立了第2个关键帧。

4）框选时间线上的"梅花"和"画面"两个图层，按<Ctrl+Shift+C>组合键，进行预合成，预合成为"预合成1"图层。

5）将时间指针置于0s处，选定"预合成1"图层，单击"工具"面板中的"矩形工具"，在"合成"窗口中拖曳出仅遮罩住左轴的矩形，展开时间线上"预合成1"的"蒙版"属性，单击"蒙版1"的"蒙版路径"左边的"钟表"按钮，设置第一个关键帧。将时间指针移到第3s处，双击蒙版的控制点，出现8个句柄，向右拖动中间右侧的句柄，使得蒙版能遮罩住整个画面，如图4-17所示。将时间置于第5s处，继续调整蒙版大小，使得蒙版连右轴遮罩住，如图4-18所示。

图4-17　第0s和第3s处的蒙版　　　　　　　图4-18　第5s处的蒙版形状

6）单击"预览"面板中的"播放"按钮进行预览效果，可以看到画轴展开的效果，将时间指针移到第5s处，单击"蒙版路径"属性左边的"添加关键帧"按钮，实现延时2s的效果，可以实现展开后暂停2s。

（4）制作画轴的回卷

1）将时间指针置于第5s处，框选时间线上的两个图层，按<Alt+]>组合键进行切割，如图4-19所示，再次框选这两个图层，按<Ctrl+D>组合键进行复制两个图层。并将图层2与图层3进行调整上下层关系，如图4-20所示。并将下面的两个图层的入点移到第5s处，如图4-21所示。

图4-19　对两个图层进行切割

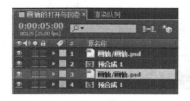 

图4-20　复制并调整图层位置　　　　　　　图4-21　调整下面两个图层的入点

2）框选下面的两个图层，执行"图层"→"时间"→"时间反向图层"命令。单击"预览"面板上的"播放"按钮，会看到画轴回卷的效果。

（5）制作轨道遮罩动画

1）将"项目"窗口中的"TrackMatte.mp4"素材拖到时间线上的下层，再将"项目"窗口中的"画轴"合成素材拖曳到时间线上的最下层，如图4-22所示。框选这两个图层，向右拖曳这两个素材的入点至第10s处。

2）单击时间线上"画轴"图层的TrkMat控制栏的"无"按钮，在下拉列表中，选择"亮度遮罩"选项，如图4-23所示，利用轨道遮罩层的亮度信息进行遮罩。如果时间线上没有显示TrkMat栏，可以单击时间线左下角的第2个按钮■，时间线上就可以显示出轨道遮罩控制栏TrkMat。

图4-22　时间线上图层的排列　　　　　图4-23　选择轨道遮罩方式

3）拖动时间线上的指针，观察画面的变化，可以检查通过黑白信息的遮罩层来控制画面过渡的效果。

4）框选时间线上最下面的两个图层，按<Ctrl+Alt+F>组合键使得这两个素材的显示正好适合屏幕大小。

5）预览效果，可以发现"TrackMatte.mp4"素材时长比较短，在第13s9帧之后，其遮罩效果没有出现，此时，可以修改合成设置的持续时间，将时间缩短。执行菜单命令"合成"→"合成设置"，在弹出的对话框中将合成的持续时间改为13s9帧即可。

（6）渲染输出

若对预览效果感到满意时，可以执行"合成"→"添加到渲染队列"命令，在"渲染队列"面板中单击"输出到："右侧的文件名，在弹出的"将影片输出到："对话框中设置影片名称和保存位置，单击"保存"按钮；单击左下角"输出模块："右侧的"无损"按钮，在弹出的"输出模块设置"对话框中单击"格式"右侧的下拉按钮，设置视频的输出格式为FLV格式，单击"确定"按钮退出对话框，单击"渲染"按钮进行渲染。

（7）保存项目文件

执行"文件"→"整理工程（文件）"→"收集文件"命令，完成项目文件保存工作。

 » 项目拓展

《吃豆豆》动画——蒙版的混合模式应用

本项目通过使用所给的图片素材，进行绘制蒙版及设置蒙版相关参数，制作一个吃豆豆游戏动画，使学习者掌握蒙版的混合模式。项目完成后的效果，如图4-24所示

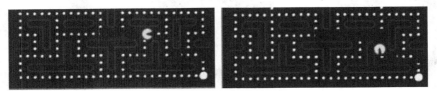

图4-24　《吃豆豆》制作效果

制作步骤如下。

1）导入素材：启动AE CC软件，在"项目"窗口中右击，在弹出的快捷菜单中，执行"导入"→"文件"命令，在"导入文件"对话框中，选中dou.ai文件，在"导入为"下拉列表中，选择"合成-保持图层大小"，如图4-25所示，单击"导入"按钮。

2）双击"项目"窗口中的"dou合成"，执行"合成"→"合成设置"命令，将"合成设置"对话框中的"持续时间"设为5s。

3）在"时间线"窗口中，选中"吃豆人"图层，按<Ctrl+Shift+C>组合键进行预合成，在弹出的"预合成"对话框中直接单击"确定"，就预合成了一个"吃豆人 合成1"的预合成，创建这个预合成的目的是便于制作吃豆人的动作。

4）双击"项目"窗口中的"吃豆人 合成1"合成，打开这个合成，在时间线上选中"吃豆人"层，按<Ctrl+D>组合键复制一个图层，分别将上下两层命名为"上"和"下"，如图4-26所示。将鼠标在"合成"窗口中滚动，将图像放大以便观察，也可以使用<Ctrl+ +>或<Ctrl+->组合键进行放大或缩小图像。

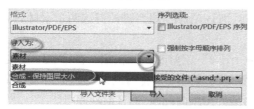
图4-25 "导入文件"对话框

图4-26 "吃豆人 合成1"的两个层

5）选中"上"层，展开其旋转属性，在0帧处单击旋转属性左侧的"钟表"按钮，启动关键帧记录器，将时间置于10帧时，将旋转参数值设定为25°，效果如图4-27所示。框选前两个关键帧，按<Ctrl+C>组合键进行复制，分别在20帧、1s10帧、2s、2s20帧、3s10帧、4s、4s20帧处，按<Ctrl+V>组合键进行粘贴，生成"上"层关键帧动画。

6）选中"下"层，展开其旋转属性，在0帧处单击旋转属性左侧的"钟表"按钮，启动关键帧记录器，将时间置于10帧时，将旋转参数值设定为-25°，效果如图4-28所示。框选前两个关键帧，按<Ctrl+C>组合键进行复制，分别在20帧、1s10帧、2s、2s20帧、3s10帧、4s、4s20帧处，按<Ctrl+V>组合键进行粘贴，生成"下"层关键帧动画。

7）按<0>键或"预览"面板中的"播放"按钮进行预览，发现"上"层有一些边缘遮挡了"下"层，需要用蒙版去除。选中"上"层，利用"钢笔工具"，在"合成"窗口中将"上"层遮挡的边缘框柱，如图4-29所示。展开"上"层"蒙版"属性，选中"蒙版1"旁的"反转"复选框，反向遮罩。

图4-27 上层旋转25°的效果　　图4-28 下层旋转-25°的效果　　图4-29 建立蒙版

8）在"时间线"窗口中，切换到"dou"合成，选中"吃豆人"图层，按<P>键调出"位置"属性，在"合成"窗口中拖动吃豆人，分别在0帧、2s、2s20帧、4s、5s处设定关键帧。选择"钢笔"工具单击路径上的各端点，将路径转化为线性直角。

9）预览效果，发现吃豆人的运动方向没有随路径方向的改变而改变。选中"吃豆人"图层，执行"图层"→"变换"→"自动定向"命令，在打开的"自动方向"对话框中，选择"沿路径方向"，单击"确定"按钮。

10）为实现"吃豆人"经过后，豆子被吃掉的效果，需要为"豆"层添加蒙版。选中"豆"层，将时间指针置于0帧处，利用矩形蒙版工具在"合成"窗口中吃豆人的位置绘制蒙版以框住人物下面的豆，如图4-30所示。按<M>键跳出"蒙版1"的蒙版属性，按下"关键帧记录器"，并将蒙版右侧的混合模式设置为"相减"模式，如图4-31所示。

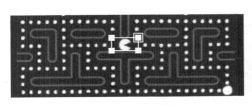

图4-30　建立蒙版

图4-31　设置蒙版"相减"混合模式

11）将时间置于第2s处，使用"选取工具"双击蒙版的控制点，打开约束框，将蒙版变形，以遮住经过路径上的豆子，并产生新的蒙版关键帧，如图4-32所示。

12）使用同样的方法，再绘制蒙版2、蒙版3、蒙版4，混合模式都设为"相减"，并设置蒙版属性关键帧，以遮住吃豆人进过路径上的豆子，如图4-33所示。

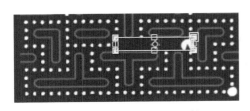

图4-32　第2s处的蒙版形状

图4-33　蒙版混合模式

13）渲染输出：若对预览效果感到满意时，可以执行菜单命令"合成"→"添加到渲染队列"，在"渲染队列"面板中单击"输出到："右侧的文件名，在弹出的"将影片输出到："对话框中设置影片名称和保存位置，单击"保存"按钮；单击左下角"输出模块："右侧的"无损"按钮，在弹出的"输出模块设置"对话框中单击"格式"右侧的下拉按钮，设置视频的输出格式为FLV格式，单击"确定"按钮退出对话框，单击"渲染"按钮进行渲染。

14）保存项目文件：执行"文件"→"整理工程（文件）"→"收集文件"命令，完成项目文件保存工作。

项目5　路径描边动画制作

≫ 学习目标

1）掌握钢笔工具的使用方法。
2）掌握路径描边特效的使用方法。
3）能制作各种线条手绘动画效果。

≫ 知识准备

1. 路径描边特效

选中时间线上的图层，绘制一个蒙版，执行"效果"→"生成"→"描边"命令，为蒙版添加描边特效，在打开的"效果控件"面板中，显示特效的参数，如图5-1所示。

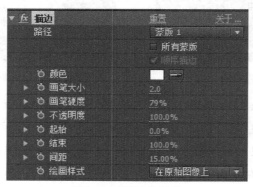

图5-1　"描边"特效

1）路径：指定绘制的路径，勾选"所有蒙版"复选框，则对所有的路径进行描边。如果一个图层上有多条路径，则要设定多条路径的属性，可以勾选"所有蒙版"复选框。

2）颜色：设置描边的颜色。

3）画笔大小：确定描边线条的粗细。

4）笔刷硬度：描边笔触边沿的硬度。

5）不透明度：描边线条的不透明度。

6）起始：描边的起始位置，以占路径长度的百分比计算。

7）结束：描边的结束位置，以占路径长度的百分比计算。

8）间距：描边笔触的间距。

9）绘画样式：确定在原始图像上描边，还是图像透明只描路径。

2. 绘制多条路径

使用"钢笔工具"绘制完成第一条路径后，按住<Ctrl>键的同时，单击空白处，结束第一条路径的绘制，再绘制其他路径。每结束一个路径的绘制时，都要按住<Ctrl>键的同时，单击空白处。

 **项目实施**

《签名》——路径描边动画制作

通过《签名》项目的制作，学习者掌握AE CC的"钢笔工具"添加路径的方法以及描边特效的使用方法，该项目利用描边特效完成手写字体的书写签名动画。项目完成后的效果，如图5-2所示。

图5-2 《签名》的制作效果

制作步骤如下。

1）导入素材：启动AE CC软件，执行"文件"→"导入"→"文件"命令，在"导入文件"对话框中选定"签名背景.jpg"和"签名.jpg"素材。将"签名背景.jpg"拖曳到"项目"窗口下方的"新建合成"按钮 上。

2）合成设置：执行"合成"→"合成设置"命令，在打开的"合成设置"对话框中，将"合成名称"命名为"签名"，"预设"为"自定义"，"像素长宽比"为"方形像素"，"持续时间"为5s，单击"确定"按钮。

3）将"项目"窗口中的"签名.jpg"拖曳到时间线上"签名背景.jpg"的上层，调整其大小和位置，如图5-3所示。

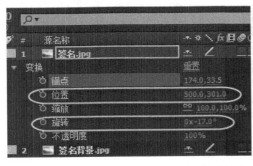 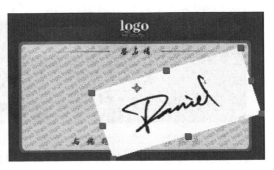

图5-3 调整"签名.jpg"素材的位置与大小

4）执行"图层"→"新建"→"纯色"命令，新建纯色层，在打开的"纯色设置"对话框中，将"名称"命名为"写字"，"颜色"为"蓝色"，单击"确定"按钮。选中"写字"图层，单击左侧的"显示与隐藏" 按钮，暂时隐藏该图层。

5）选定纯色层，即写字层，单击"工具"面板中的"钢笔工具"按钮，在"写字"图层上绘制路径，路径按照文字笔画进行绘制。

先绘制Mask1为签名中的第1笔，按住<Ctrl>键单击空白处结束第1笔路径的绘制。再绘制签名中的其他笔，当每结束一个笔画时，就按住<Ctrl>键单击空白处，结束该笔画路径的绘制。可以先按笔画的走向绘制路径，绘制完成后再使用"选择工具" ![选择工具]调整节点的位置，利用转换"顶点"工具 ![转换"顶点"工具]调整曲线的手柄，使路径曲线与原始签名重合。

也可以在绘制过程中，不断地配合使用<Ctrl>键和<Alt>键，随时地调整节点的位置和切线方向，使路径曲线与原始签名重合，如图5-4所示。

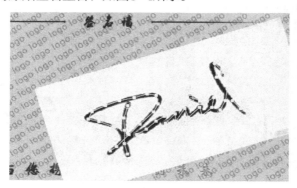

图5-4　绘制签名笔顺的Mask路径

6）再次单击"写字"层左侧的"显示与隐藏" ![显示与隐藏]按钮，恢复纯色层的显示，效果如图5-5所示。

7）选中"写字"纯色图层，执行"效果"→"生成"→"描边"命令，添加描边特效。在"效果控件"面板中，在"路径"后面勾选"所有蒙版"复选框，"颜色"为"黑色"，"画笔大小"为5，如图5-6所示。

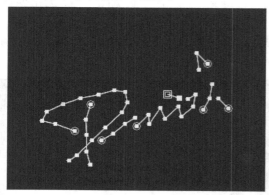

图5-5　纯色层上的Mask路径

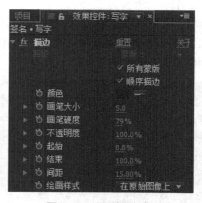

图5-6　设置描边参数

8）将时间线指针移到第0帧处，在"效果控件"面板中，启动"结束"关键帧，在时间线上选中纯色层"写字"，按<U>键显示"结束"关键帧属性，设置"结束"数值为0%，将时间线指针移到第15帧，设置"结束"数值为15%。

9）指针移到第20帧，单击时间线左侧的添加关键帧按钮添加关键帧。

10）指针移到第4s，设置"结束"的数值为100%。

11）隐藏图层"签名.jpg"，时间线如图5-7所示。

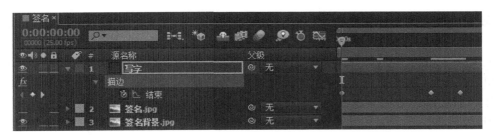

图5-7　时间线显示

12）选中纯色层在"效果控件"面板中，将"绘画样式"设置为"在透明背景上"，如图5-8所示，这时"写字"的蓝色背景就去掉了，只剩下黑色的字体描边。

13）渲染输出：若对预览效果感到满意时，可以执行"合成"→"添加到渲染队列"命令，在"渲染队列"面板中单击"输出到："右侧的文件名，在弹出的"将影片输出到："对话框中设置影片名称和保存位置，单击"保存"按钮；单击左下

图5-8　设置为"在透明背景上"

角"输出模块："右侧的"无损"按钮，在弹出的"输出模块设置"对话框中单击"格式"右侧的下拉按钮，设置视频的输出格式为FLV格式，单击"确定"按钮退出对话框，单击"渲染"按钮进行渲染。

14）保存项目文件：执行"文件"→"整理工程（文件）"→"收集文件"命令，完成项目文件保存工作。

 **项目拓展**

《人物》——路径描边特效应用

为了丰富画面的动感表现力，常常会添加一些动态元素进行修剪，动感线条就是经常使用的手法之一。本项目通过制作手绘动画效果，在纯色层上依据人物轮廓绘制路径，然后为路径添加描边特效，再由块溶解特效转场切换到人物画面。项目完成后的效果，如图5-9所示。

图5-9　《人物》制作效果

制作步骤如下。

1）导入素材：启动AE CC软件，在"项目"窗口中右击，在弹出的快捷菜单中，执行"导入"→"文件"命令，在"导入文件"对话框中，选中"人物.jpg"和"出击.wmv"文件，单击"导入"按钮。

2）新建合成：执行"合成"→"合成设置"命令，将"合成设置"对话框中的"合成名称"设为"人物"，合成尺寸设为640×480像素，"像素长宽比"为"方形像素"，"持续时间"设为4s，如图5-10所示。

3）将"人物.jpg"和"出击.wmv"拖曳到时间线上，"人物.jpg"在上层。

4）执行"图层"→"新建"→"纯色"命令，新建纯色层，在"纯色设置"对话框中设置纯色层的"名称"为"黑色"，"颜色"为"黑色"，单击"确定"按钮，如图5-11所示。

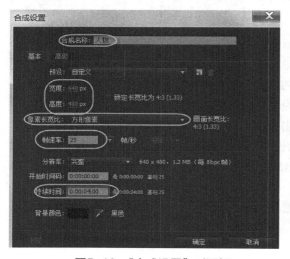
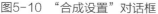
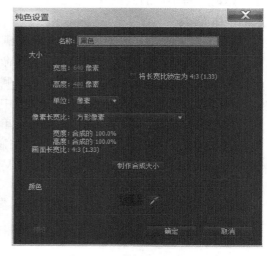

图5-10 "合成设置"对话框　　　　　　　图5-11 "纯色设置"对话框

5）选中纯色层，单击纯色层左侧的"显示与隐藏" [图标] 按钮，暂时隐藏纯色层的显示。使用"工具"面板中的"钢笔工具"，在纯色层上绘制"人物"的轮廓路径。先绘制第1笔路径，如图5-12所示。绘制完第1笔后，按住<Ctrl>键的同时单击空白处，结束第1笔路径的绘制。

> 注意：在绘制路径的过程中，可以单击"工具"面板中的"缩放工具" [图标] 按钮，使"合成"窗口中的显示比例放大；也可以单击"工具"面板中的"手形工具" [图标] 按钮，可以移动画面的显示位置，便于清晰地观察绘制路径。绘制的时候还可以配合<Ctrl>键和<Alt>键改变路径节点的位置和节点的切线方向，使得绘制的路径的外形与人物的轮廓尽可能相似。

6）接下来绘制第2笔路径，如图5-13所示。继续沿着人物的轮廓进行绘制，当第2笔结束时，按住<Ctrl>键的同时单击空白处，结束第2笔路径的绘制。至于，每笔路径画多长的路径，由自己决定，只要结束该笔画路径，就要按住<Ctrl>键的同时单击空白处。

7）依照6）的方法继续完成其他路径轮廓的绘制，线条数量自己把握。

8）单击纯色层左侧的"显示与隐藏"按钮，恢复纯色层的显示，再单击"人物"层左侧的"显示与隐藏" [图标] 按钮，隐藏"人物"层的显示，合成效果如图5-14所示。

9）选中纯色层，执行"效果"→"生成"→"描边"命令，为纯色层添加描边效果。在

"效果控件"面板中,勾选"所有蒙版"复选框,设置画笔大小为3,画笔硬度为100%,其他参数按默认值,如图5-15所示。此时"合成"窗口中的路径描上了白边,如图5-16所示。

图5-12 绘制第1笔路径

图5-13 绘制第2笔路径

图5-14 时间线以及"合成"窗口显示

图5-15 "效果控件"面板

图5-16 路径描边后的效果

10)将时间线指针移到第0s处,启动"效果控件"面板中的"结束"关键帧,设置"结束"关键帧的参数为0,将指针移到第1s15帧处,设置"结束"关键帧的参数为100%。单击

"预览"面板中的"播放"按钮，观察效果，如果感觉描边的速度快了或着慢了，可以选中该纯色层按<U>键，则设置了关键帧的属性被显示出来，可以拖动后面的关键帧向右或向左移动，来控制动画速度的快慢。

11）选中"人物"层，执行"效果"→"过渡"→"块溶解"命令，添加"块溶解"过渡特效，设置"块宽度"和"块高度"为20，取消勾选"柔化边缘"复选框。将指针移到第2s12帧处，启动"过渡完成"的关键帧，将时间指针移到第3s12帧处，设置"过渡完成"的参数为100%，如图5-17所示。

图5-17　设置转场特效

12）恢复"人物"层的显示。

13）将时间指针移到第3s4帧处，将纯色层和"人物"层的出点分别拖曳到该指针处，再将"出击.wmv"层的入点移至该帧处。

14）渲染输出：若对预览效果感到满意时，可以执行菜单命令"合成"→"添加到渲染队列"，在"渲染队列"面板中单击"输出到："右侧的文件名，在弹出的"将影片输出到："对话框中设置影片名称和保存位置，单击"保存"按钮；单击左下角"输出模块："右侧的"无损"按钮，在弹出的"输出模块设置"对话框中单击"格式"右侧的下拉按钮，设置视频的输出格式为FLV格式，单击"确定"按钮退出对话框，单击"渲染"按钮进行渲染。

15）保存项目文件：执行"文件"→"整理工程（文件）"→"收集文件"命令，完成项目文件的保存工作。

项目6　形状图形动画制作

▶ 学习目标

1）掌握形状图形与蒙版的区别。
2）掌握形状图形动画的制作方法。
3）掌握图形修剪路径动画的制作方法。

▶ 知识准备

1. 形状图形动画

形状依赖于路径的概念，通过形状工具和钢笔工具，可以创建和编辑各种路径。路径包括段和锚点，段是连接锚点的直线或曲线，锚点定义路径的各段开始和结束的位置，通过拖动路径锚点、锚点的方向线（或切线）末端的方向手柄，或路径段自身，可以改变路径的形状。形状路径有两种：参数形状路径和贝塞尔曲线形状路径。形状由路径、描边、填充组成。通过对形状图形的属性设置关键帧，实现图形形状动画。

新建一个形状图形后，单击"时间线"窗口中的该图层"内容"后面的"添加"按钮添加：⊙ ，出现如图6-1所示的动画选项，可以设置相应的动画类型。

2. 形状图形属性

建立一个形状图形之后，展开"时间线"窗口中的"内容"选项，可以进行形状图形的属性设置，如路径、描边和填充。例如，建立一个椭圆形状图形后，展开"内容"选项下的"椭圆1"，可看到"椭圆"形状图形的属性，如图6-2所示。

图6-1　形状图形动画类型　　　　　图6-2　形状图形属性

（1）椭圆路径1

1）　　　：反转路径方向开关。

2）大小：椭圆的大小。

3）位置：在合成中的位置。（0，0）是合成的中心。

（2）描边1

1）合成：默认是"在同组中前一个之下"，另一个选项是"在同组中前一个之上"。

2）颜色：设置描边的颜色。

3）不透明度：设置描边的不透明度。

4）描边宽度：设置描边线段的粗细。

5）线段端点："平头端点"的端点是直线；"圆头端点"的端点是个圆头；"矩形端点"的端点是个矩形。

6）线段链接：包括斜接连接，圆角连接，斜面连接。

7）尖角限制：只有在线段链接设置为斜接连接时，才可以设定参数值。

8）虚线：单击右侧的"+"按钮可以开启虚线设置。"虚线"数值越大，则虚线段数越少，但虚线段越粗。"偏移"是负数按顺时针转，是正数按逆时针转。"间隙"数值越大，则虚线段之间的空挡越大，线段越少。

（3）填充1

1）合成：默认是"在同组中前一个之下"，另一个选项是"在同组中前一个之上"。

2）合成规则：默认为"非0环绕"，还有个选项为"奇偶"。

3）颜色：填充的颜色。

4）不透明度：填充颜色的不透明度。

3. 修剪路径属性

选择形状图形工具或钢笔工具绘制一个形状图形后，单击"时间线"窗口中的该图层"内容"后面的"添加"按钮 添加：，在弹出的列表中，选择"修剪路径"选项，展开"时间线"窗口中的"修剪路径1"属性，如图6-3所示。

1）开始：路径起点的位置。

2）结束：路径结束的位置。

3）偏移：从设置的某一个角度开始。

图6-3　修剪路径属性

4. 创建蒙版与创建形状图形的区别

在未选中已有图层的状态下，使用形状工具，则会创建一个形状图层，在该图层下，可以创建多个形状图形。在选中已有图层的状态下，使用形状工具，则会创建基于该图层的蒙版。

 **项目实施**

《形状图形动画》—— 形状图形属性及效果应用

通过《形状图形动画》项目的制作，学习者掌握AE CC形状图形的属性及修剪路径动画效果的制作方法，能制作各种线条手绘动画的效果。项目完成后的效果，如图6-4所示。

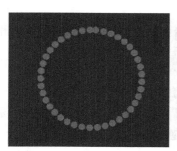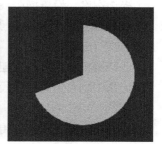

图6-4　《形状图形动画》的制作效果

1. 旋转的圆点圆

1）新建合成：启动AE CC软件，执行"合成"→"新建合成"命令，在打开的"合成设置"对话框中,将"合成名称"命名为"旋转的圆点圆","预设"为"自定义",合成尺寸为"720×576像素","像素长宽比"为"方形像素","持续时间"为3s,单击"确定"按钮。

2)选择"椭圆工具",按住<Shift>键的同时,在"合成"窗口中画一个圆,椭圆的锚点为(0,0),大小随意。填充颜色的"不透明度"为0或设置为"无"填充。

3)设定"描边1"属性:设定描边的"颜色"为"红色";"描边宽度"为22;"线段端点"为"圆头端点";单击两次"虚线"后的"+"号按钮,设置"虚线"为0,"间隙"为25,如图6-5所示。

4)将时间指针置于0s处,展开"变换:椭圆1"属性,单击"旋转"属性左边的"钟表"按钮,启动关键帧,将时间指针置于3s处,设定"旋转"属性的参数值为1x+0^0,如图6-6所示。

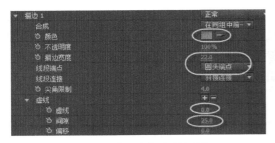

图6-5 "描边"参数设置

图6-6 设置"旋转"参数值

2. 矩形的绘制与擦除动画

1)执行"合成"→"新建合成"命令,在"合成"对话框中将"合成名称"命名为"矩形的绘制与擦除","预设"为"自定义",合成尺寸为"720×576像素","像素长宽比"为"方形像素","持续时间"为3s,单击"确定"按钮。

2)利用"矩形工具",在"合成"窗口中绘制一个矩形,填充为"无填充",描边颜色为"绿色",描边宽度为22,在"时间线"窗口中,选定"矩形1",按<Enter>键,重命名为"外矩形";再次使用"矩形工具",在"合成"窗口的矩形内部,拖曳出一个小矩形,填充为"无填充",描边颜色为"红色",描边宽度为22,在"时间线"窗口中,选定"矩形1",按<Enter>键,重命名为"内矩形",如图6-7所示。

3)将时间指针置于0s处,单击选定"时间线"窗口"内容"下的"内矩形",如图6-8所示,单击"内容"右侧的"添加"按钮,在弹出的列表中,选择"修剪路径"。展开"修剪路径1"属性,单击"开始"左侧的"钟表"按钮,启动"开始"关键帧,将时间指针置于第1s处,设置"开始"的参数为100%,拖动指针,观测效果,可以看到内矩形逐渐擦除消失。

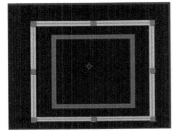

图6-7 绘制的内外矩形

图6-8 选定"内矩形"图形属性

4）确保时间指针置于第1s处，单击选定"时间线"窗口"内容"下方的"外矩形"层，再单击"内容"右侧的"添加"按钮，选定"修剪路径"选项。展开"外矩形"下方的"修剪路径1"，分别单击"开始"和"结束"左侧的"钟表"按钮，启动"开始"（0%）和"结束"（100%）关键帧，将时间指针置于第2s处，设置"开始"的参数为100%，并添加"结束"关键帧，参数也为100%，拖动指针，观测效果，可以看到外矩形逐渐擦除消失。

5）将时间指针置于第2s1帧处，设定"开始"关键帧，参数值为0%，添加"结束"关键帧，参数值为0%，将指针移到第2s24帧，添加"结束"关键帧，参数为100%，实现重新绘制外矩形动画。

6）将时间指针置于第2s处，展开"内矩形"的"修剪路径1"属性，添加"开始"关键帧（参数为100%）和"结束"关键帧（参数为100%），将时间指针置于第2s1帧处，添加"开始"关键帧（参数为0%）和"结束"关键帧（参数为0%），将时间指针置于第2s24帧处，添加"结束"关键帧，参数为100%，实现重新绘制内矩形动画。

3. 圆的扇形填充

1）执行"合成"→"新建合成"命令，在"合成"对话框中将"合成名称"命名为"圆的扇形填充"，"预设"为"自定义"，合成尺寸为"720×576像素"，"像素长宽比"为"方形像素"，"持续时间"为3s，单击"确定"按钮。

2）利用"椭圆工具"，按住<Shift>键的同时，在"合成"窗口中绘制一个圆形，单击工具栏上的"填充设置"按钮 填充 描边，设置填充为"无填充"，如图6-9所示。描边颜色为"绿色"，调整描边宽度，使得中间看不到有漏洞为止，如图6-10所示。

图6-9　设定图形为"无填充"

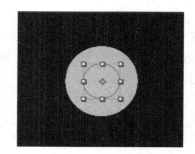

图6-10　调整描边后的效果

3）单击选定"时间线"窗口中"椭圆1"图形属性，单击"内容"右侧的"添加"按钮，选择"修剪路径"选项，展开"修剪路径1"属性，将时间指针置于第0s处，单击"结束"左侧的"钟表"按钮，并设置其参数为0%，将时间指针置于第3s处，添加"结束"关键帧，并设置参数为100%，拖动指针，预览效果，可看到圆的扇形填充。

4. 渲染输出

1）执行"合成"→"新建合成"命令，在"合成设置"对话框中，设置"合成名称"为"总合成"，"持续时间"为10s。

2）将"项目"窗口中的3个合成分别拖曳到"时间线"窗口中，将时间指针置于第3s处，将"矩形的绘制与擦除"合成的入点移到此处，将时间指针置于第6s处，将"圆的扇形填充"合成的入点移到此处，如图6-11所示。

图6-11 "时间线"窗口显示

3）按数字小键盘上的<0>键进行预览。

4）渲染输出：若对预览效果感到满意时，可以执行"合成"→"添加到渲染队列"命令，在"渲染队列"面板中单击"输出到："右侧的文件名，在弹出的"将影片输出到："对话框中设置影片名称和保存位置，单击"保存"按钮；单击左下角"输出模块："右侧的"无损"按钮，在弹出的"输出模块设置"对话框中单击"格式"右侧的下拉按钮，设置视频的输出格式为FLV格式，单击"确定"按钮退出对话框，单击"渲染"按钮进行渲染。

5）保存项目文件：执行"文件"→"整理工程（文件）"→"收集文件"命令，完成项目文件保存工作。

 **项目拓展**

《人工天河红旗渠》—— 文字修剪路径动画

本项目通过建立文字修剪路径，制作文字以修剪路径动画的方式逐字显示，使学习者掌握文字修剪路径动画的制作方法。项目完成后的效果，如图6-12所示。

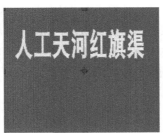

图6-12 《人工天河红旗渠》制作效果

制作步骤如下。

1）新建合成：启动AE CC软件，执行"合成"→"新建合成"命令，在打开的"合成设置"对话框中，将"合成名称"命名为"人工天河红旗渠"，"预设"为"自定义"，合成尺寸为"720×576像素"，"像素长宽比"为"方形像素"，"持续时间"为10s，单击"确定"按钮。

2）按<Ctrl+Y>组合键新建一个纯色层，设置为"黄色"，如图6-13所示。

3）再次按<Ctrl+Y>组合键新建一个纯色层，设置为"红色"。

4）选定"红色"图层，单击工具栏上的"向后平移（锚点）工具"按钮█，鼠标拖动位于"合成"窗口中心的锚点到右侧边框的中点位置，如图6-14所示。

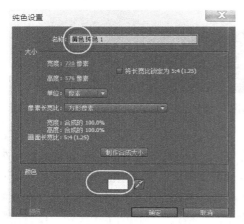

图6-13　"纯色设置"对话框　　　　　　　　图6-14　移动锚点到右侧

5）对"红色"图层设置左右缩放动画。按<S>键展开该图层的"缩放"属性，关掉缩放属性参数左侧的"压缩比例"开关█，将时间指针移到第0s处，启动缩放属性关键帧，并将缩放参数的X值设为0；将时间指针移到第12帧，并将缩放参数的X值设为100。

6）确保时间指针处于第12帧处，单击"工具"面板中的"文字工具"█，在"合成"窗口中输入"人工天河红旗渠"，并在"字符"面板中设定字体为"经典黑体简"、大小为"70像素"、填充及描边颜色均为"白色"、字型为"加粗"，如图6-15所示。

7）选中刚建立的文字图层，鼠标右键单击，在弹出的快捷菜单中，选择"从文字创建形状"，此时，原来的文字图层自动隐藏。选择这个文字形状图层，按<Alt>键，并单击"工具"面板中的"填充"，选择填充为"无"█。

8）选择这个文字形状图层，单击时间线上"内容"右侧的"添加"按钮█，在弹出的列表中，选择"修剪路径"，即添加了修剪路径，如图6-16所示。将添加的"修剪路径1"拖动到第一个字"人"上，展开这个字的属性选项，会看到刚拖入的"修剪路径1"，将"描边1"设为白色，描边宽度为4，展开这个字的"修剪路径1"，确保当前时间指针置于第12帧处，将"修剪路径1"的"开始"为0%，"结束"为0%，启动"结束"属性的关键帧，将时间指针移到第1s处，将"结束"属性的参数值设为100%。

图6-15　字符设置　　　　　　　　　　图6-16　"时间线"窗口

9）选中这两个关键帧，鼠标右键单击，在弹出的快捷菜单中，执行"关键帧辅助"→"缓动"命令，然后单击"图表编辑器"按钮⬛，时间线上出现如图6-17所示的编辑速度图表，调整中的两个点，实现动画速度为先逐步快，再逐步慢下来的效果。

10）在时间线上选中"人"字下的"修剪路径1"及"描边1"属性，如图6-18所示，按<Ctrl+C>组合键进行复制，依次选定每个"字"，按<Ctrl+V>组合键进行粘贴属性。按<U>键，显示所有关键帧，如图6-19所示。

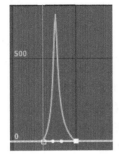

图6-17　编辑速度图表　　　图6-18　"人"字的属性　　　图6-19　关键帧显示

11）如果想逐字显示，则可依次框选除前一个字之外的所有字的关键帧向后拖动，如图6-20所示，完成逐字显示效果。

12）增加一个过渡效果，然后实现文字填充显示。选择原来隐藏的文字图层，鼠标右键单击，在弹出的快捷菜单中，执行"效果"→"过渡"→"百叶窗"命令，在"效果控件"面板中，启动"过渡完成"关键帧，并且设置参数值为100%，如图6-21所示。将时间指针置于第5s处，将"过渡完成"的参数值设为0%。

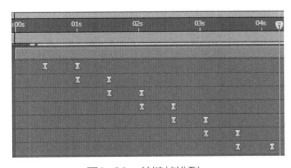
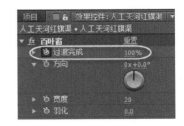

图6-20　关键帧排列　　　　　图6-21　效果控件窗口

13）打开时间线上文字图层的"显示与隐藏"开关👁，使其能显示文字，类似于填充文字的效果。

14）在"项目"窗口中双击，导入"红旗渠"图片素材，将导入的图片素材拖入时间线上的最上层。将时间指针置于第6s处，将"红旗渠"图片素材的入点到第6s处，此时，按<Ctrl+Alt+F>组合键，使得图片能撑满整个"合成"窗口，将时间线上的"工作区域"滑块拖曳到第7s处，实现图片素材显示1s的时长，并且使得合成渲染的时长为7s，如图6-22所示。

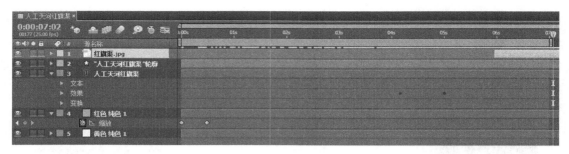

图6-22 "时间线"窗口

15）渲染输出：若对预览效果感到满意时，可以执行菜单命令"合成"→"添加到渲染队列"，在"渲染队列"面板中单击"输出到："右侧的文件名，在弹出的"将影片输出到："对话框中设置影片名称和保存位置，单击"保存"按钮；单击左下角"输出模块："右侧的"无损"按钮，在弹出的"输出模块设置"对话框中单击"格式"右侧的下拉按钮，设置视频的输出格式为FLV格式，单击"确定"按钮退出对话框，单击"渲染"按钮进行渲染。

16）保存项目文件：执行"文件"→"整理工程（文件）"→"收集文件"命令，完成项目文件保存工作。

第3单元 文 字 动 画

项目7 路径文字动画

▶ 学习目标

1）掌握文字工具和字符面板的使用方法。

2）掌握文字特效的添加方法。

3）掌握路径文字动画的制作方法。

▶ 知识准备

1. 文字创建

单击"工具"面板上的"文字工具" T 按钮可以创建文字。按住鼠标左键，在"文字工具"上停留一会儿会显示" T 横排文字工具"和" IT 直排文字工具"，单击选择其中的一个工具，在"合成"窗口中要输入文字的地方单击即可输入文字。

2. 修改文字

单击"工具"面板中的 T "文字工具"，在"合成"窗口中用"选择工具"选定要改动的文字，选定后，文字以高亮度状态显示，通过"字符"面板对文字的字体、颜色、字号、填充色、描边等进行设置，"字符"面板如图7-1所示。

3. 文字渐变填充效果

选定文字图层，执行"效果"→"生成"→"梯度渐变/四色渐变"命令，可以设置不同的渐变效果。四色渐变参数设置，如图7-2所示。

图7-1 "字符"面板

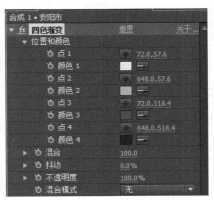

图7-2 "四色渐变"参数设置

4. 立体装饰效果

选定文字图层，执行"效果"→"透视"→"斜面Alpha"命令，可以为文字添加立体浮雕效果，在"效果控件"面板中可以对浮雕参数进行设置。

5. 阴影装饰效果

阴影效果是文字装饰效果中最为普遍的一种，阴影效果有两种，分别是"投影"和"径向阴影"，执行"效果"→"透视"→"投影/径向阴影"命令，可以为文字添加阴影装饰效果，在"效果控件"面板中可以对特效的参数进行设置。

6. 路径文本的建立方法

选中时间线上的"文本"图层，单击"工具"面板中的"钢笔工具" 🖋，在"合成"窗口中画出路径。在时间线上展开文字图层的属性，展开"文本"下拉列表，选择"路径选项"下拉列表框，在下拉列表中指定刚才绘制的"蒙版1"为文本路径，如图7-3所示。

图7-3　设置文本路径

项目实施

《红旗渠精神》—— 路径文字动画

通过《红旗渠精神-路径文字动画》项目的制作，使学习者掌握AE CC的路径文字设置方法，通过路径工具绘制路径，将路径指定给文字，制作文字沿路径运动的动画。项目完成后的效果，如图7-4所示。

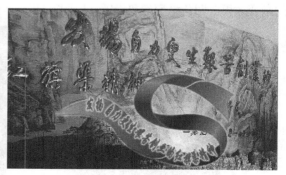

图7-4　《红旗渠精神》的制作效果

制作步骤如下。

1）新建合成：启动AE CC软件，执行"合成"→"新建合成"命令，在打开的"合成设置"对话框中，将"合成名称"命名为"红旗渠精神"，"预设"为"自定义"，"合成尺寸"为"720×576像素"，"像素长宽比"为"方形像素"，"持续时间"为10s，单击"确定"按钮。

2）导入素材：双击"项目"窗口的空白处，在弹出的对话框中，选择要导入的素材文件"红旗渠1.jpg""红旗渠2.jpg""彩带.jpg"。

3）单击"工具"面板中的"横排文本工具" Ⅰ，在"合成"窗口中单击并输入"人工天河红旗渠　中国河南安阳林州"，设定字体为"经典黑体简"、字体大小为"20像素"，字体填充颜色为"红色"，描边为"白色"，字符间距为600，字型为"加粗"，如图7-5所示。

4）单击"工具"面板中的"矩形工具"，并在其上短暂停留一会儿，在出现的选项中，单击"椭圆工具"，按住<Shift>键并同时在"合成"窗口中拖曳出一个适当的圆，在"时间线"窗口中，展开"文本"下的"路径选项"，在"路径"右侧的下拉选项中，选择"蒙版1"，此时文字就绕圆排列起来。使用"工具"面板中的"选择工具"，将圆拖曳到"合成"窗口的左上角。"合成"窗口，如图7-6所示。

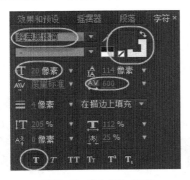

图7-5 "字符"设置

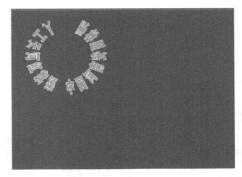

图7-6 文字排列形状

5）实现文本绕圆运动的动画。将时间指针置于第0s处，在时间线窗口中刚展开的"文本"选项下，单击"首字边距"左侧的"钟表"按钮，启动"首字边距"关键帧，将时间指针置于第2s处，将"首字边距"的参数调整为620，使得文本绕圆旋转一周。拖动时间线指针，会看到旋转的效果。"首字边距"的参数设置，如图7-7所示。

6）设置第一张图片的进场动画。将"红旗渠1.jpg"素材拖入"时间线"窗口"文本"图层的下方，将时间指针置于第0s处，选定图片图层，按<S>键，展开图片的缩放属性，单击"缩放"属性左侧的"钟表"按钮，设置缩放属性的第1个关键帧，调整该参数为300% 300.0,300.0%。将时间指针移到第2s处，调整该参数为200%，实现图片的缩放动画。

7）将时间指针移到第2s处，框选"人工天河红旗渠　中国河南安阳林州"文本图层和"红旗渠1"图层，按<T>键，展开这两个图层的"不透明度"属性，单击"不透明度"属性左侧的"钟表"按钮，启动"不透明度"关键帧，将时间线指针移到第3s处，设置"不透明度"属性的参数值为0，实现这两个图层的淡出效果。

8）将"项目"窗口中的"红旗渠2.jpg"拖曳到"时间线"窗口的上层，将时间指针置于第3s处，并设置"红旗渠2.jpg"图层的入点到第3s处。将"项目"窗口中的"彩带.jpg"拖曳到时间线的最上层，如图7-8所示。

图7-7　第2s时"首字边距"的设置　　　　图7-8　第3s时设置彩带的缩放参数

9）选定"彩带"图层，按<Ctrl+Shift+C>组合键对彩带图层进行预合成，出现如图7-9所示的"预合成"对话框，修改"新合成名称"为"彩带预合成"。双击"彩带预合成"图层，进入该合成中，选择"彩带"图层，执行"效果"→"键控"→"颜色键"命令，在"效果控件"面板中，使用"吸管工具"吸取"彩带"图层的白背景，设置"颜色容差"为60，"羽化边缘"为5，如图7-10所示。按<S>键，展开"彩带"图层的缩放属性，设置缩放参数为90%。

10）单击"工具"面板中的"文本工具" T ，在"合成"窗口中单击，输入文字"发扬自力更生艰苦创业的红旗渠精神"，在"字符"面板中设置字体为"华文行楷"，大小为"20像素"，字符间距为100，填充为"红色"，描边为"白色"，如图7-11所示。

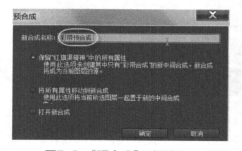

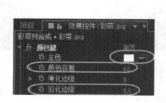

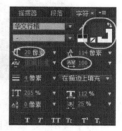

图7-9　"预合成"对话框　　　图7-10　"彩带预合成"的抠像特效参数　图7-11　"字符"设置

选中该图层，执行"图层"→"图层样式"→"外发光"命令，为文字添加外发光效果。

11）选择该文本图层，利用"钢笔工具"绘制路径，绘制的路径系统会自动命名为"蒙版1"，展开图层的"文本"属性，在"路径选项"中指定"路径"为"蒙版1"，此时，文字沿路径进行排列，如图7-12所示。

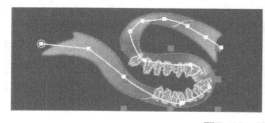

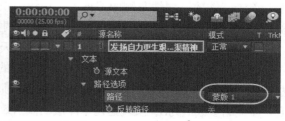

图7-12　设置文字路径属性

12）将时间指针移到第0s处，在时间线上，单击"首字边距"左侧的"钟表"按钮，启动"首字边距"关键帧，设置参数值为670，将时间指针移到第3s处，设置"首字边距"

参数值为-693，拖动指针预览，会看到文字沿路径从右侧向左侧进行移动的动画，"时间线"设置，如图7-13所示。

图7-13 "时间线"设置

13）回到"红旗渠精神"合成，将时间指针移到第3s处，单击拖动"彩带预合成"图层，使得其入点到第3s处，如图7-14所示。展开"彩带预合成"图层的属性，启动"不透明度"关键帧，设置其数值为30%，将时间指针移到第4s处，设置"不透明度"数值为100%，制作彩带的淡入效果，如图7-15所示。

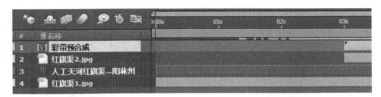

图7-14 "红旗渠精神"合成的图层排列

图7-15 设置彩带的淡入效果

14）将时间指针移到第6s处，选择"彩带预合成"图层，利用"钢笔工具"绘制一个蒙版路径，展开图层的"蒙版"属性，勾选"反转"复选框，设置"蒙版羽化"的数值为10，使得文字在彩带的尾端淡出，如图7-16所示。

图7-16 设置第6s处文字蒙版的参数

15）将时间线上的"工作区域"滑块拖曳到第6s处，使得该合成渲染的时长为6s。

16）渲染输出：若对预览效果感到满意时，可以执行"合成"→"添加到渲染队列"命令，在"渲染队列"面板中单击"输出到："右侧的文件名，在弹出的"将影片输出到："对话框中设置影片名称和保存位置，单击"保存"按钮；单击左下角"输出模块："右侧的"无损"按钮，在弹出的"输出模块设置"对话框中单击"格式"右侧的下拉按钮，设置视频的输出格式为FLV格式，单击"确定"按钮退出对话框，单击"渲染"按钮进行渲染。

17）保存项目文件：执行"文件"→"整理工程（文件）"→"收集文件"命令，完成项目文件保存工作。

 **项目拓展**

《地球——人类共同的家园》—— 文字绕路径旋转

本项目通过使用所给的图片素材制作地球，并制作文字绕地球旋转，使学习者进一步掌握文本路径动画的制作方法。项目完成后的效果，如图7-17所示。

图7-17 《地球——人类共同的家园》制作效果

制作步骤如下。

1）导入素材：启动AE CC软件，在"项目"窗口中右击，在弹出的快捷菜单中，执行"导入"→"文件"命令，在"导入文件"对话框中，选中"背景.jpg""手.jpg""地图.jpg"导入进来。

2）执行"合成"→"新建合成"命令，在"新建合成"对话框中，设置"合成名称"为"地球 人类共同的家园"，设置"合成尺寸"为"720×576像素"，"像素长宽比"为"方形像素"，"帧速率"为"25帧/秒"，"持续时间"为10s。

3）素材入轨：将"背景.jpg"拖曳到时间线上，按<Ctrl+Alt+F>组合键，使得背景图片适合"合成"窗口大小。

4）将素材"手.jpg"拖曳到背景图层的上层。选中"手.jpg"层，执行"效果"→"键控"→"颜色键"命令，在"效果控件"面板中，利用"吸管工具"吸取白色背景，设置"颜色容差"为30，"羽化边缘"为4.0，将白色背景去除，如图7-18所示。

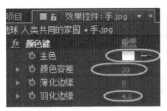

图7-18　对素材"手.jpg"设置"颜色键"特效参数

5）选中"手.jpg"图层，按<S>键，展开"缩放"属性，调整"缩放"属性的参数值，使得将手缩放到合适的大小，并拖曳"合成"窗口中的"手"，将"手"的位置下移到合适位置。这里将"缩放"属性的参数值设为50%，位置参数为（344，406），如图7-19所示。

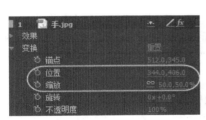

图7-19　设置"手"的"缩放"参数及"位置"参数

6）将素材"地图.jpg"拖到时间线的最上层，按住<Ctrl+Shift+C>组合键进行预合成，在"预合成"对话框中，将"新合成名称"改为"地球"，单击"确定"按钮。双击"地球"预合成图层，进入"地球"合成，在该合成中，选中"地图.jpg"图层，执行"效果"→"扭曲"→"CC Tiler"（平铺）命令，进行图像的平铺，参数设置"scale"为30%，"Center"为"0.0 268.5"，如图7-20所示。

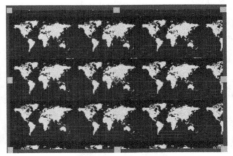

图7-20　"CC Tiler"参数设置及效果

7）展开"地图.jpg"图层的属性，设置"缩放"的值为360%，使得地图的图片铺满整个屏幕，将时间线指针移到第0帧，启动"位置"属性关键帧，设置其数值为（-626，268.5），将时间指针移到第10s处，设置"位置"数值为（1438，268.5），实现了地球图片从左向右移动的动画，第10s处"位置"参数设置，如图7-21所示。

8）切换到"地球 人类共同的家园"合成中，选中"地球"图层，执行"效果"→"透视"→"CC Sphere"命令，添加球形化特效，生成球形地球的效果，此时播放会发现一个转动的地球，CC Sphere参数设置，如图7-22所示。此时，按<S>键，展开"缩放"属性，设置缩放参数为60%，使得地球与手的大小画面适应。

图7-21　第10s处"位置"参数　　　　图7-22　"CC Sphere"参数设置

9）单击"工具"面板中的"文本工具" ，在"合成"窗口中单击，输入文字"地球 人类共同的家园"，设置字体为"方正大标宋简体"，执行"效果"→"透视"→"斜面Alpha"命令，字体呈现浮雕效果；再次执行"效果"→"透视"→"投影"命令，对字体设置"阴影"效果，如图7-23所示。

10）选中文字图层，单击"工具"面板中的"椭圆工具"，在"合成"窗口中按住<Shift>键的同时，绘制一个正圆，作为文字层的蒙版。在时间线上展开文字图层的属性，展开"文本"选项，在"路径选项"下的"路径"下拉列表中指定刚才绘制的正圆蒙版为文本路径，此时文本绕圆排列。单击"工具"面板中的"文本工具"，选中输入的文字，在"字符"面板中调整文字大小和文字间距，效果如图7-24所示。

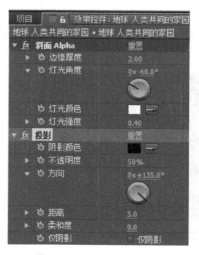

图7-23　添加文字效果　　　　图7-24　设置路径文字

11）制作文字旋转动画。将时间线指针移到第0s位置，展开文字图层属性，在"路径选项"下启动"首字边距"的关键帧，将时间指针移到第10s处，设定"首字边距"的参数为

1054，使得路径文字绕圆圈逆时针旋转1圈。

12）将"地球"图层和文字图层分别设置3D属性，使其转换为3D图层，展开文字图层的"变换"属性，调整"X轴旋转"的数值，让其在三维空间中进行变换，如图7-25所示。

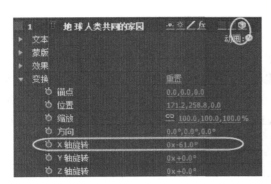 

图7-25　文字3D属性设置

13）渲染输出：若对预览效果感到满意时，可以执行"合成"→"添加到渲染队列"命令，在"渲染队列"面板中单击"输出到："右侧的文件名，在弹出的"将影片输出到："对话框中设置影片名称和保存位置，单击"保存"按钮；单击左下角"输出模块："右侧的"无损"按钮，在弹出的"输出模块设置"对话框中单击"格式"右侧的下拉按钮，设置视频的输出格式为FLV格式，单击"确定"按钮退出对话框，单击"渲染"按钮进行渲染。

14）保存项目文件：执行"文件"→"整理工程（文件）"→"收集文件"命令，完成项目文件的保存工作。

项目8　预设文字动画制作

》 学习目标

1）掌握预设文字动画的添加方法。
2）掌握预设文字动画的修改方法。

》 知识准备

1. 查看预设文字动画

AE　CC中内置了许多效果丰富的文字动画，可以很方便地调用这些动画效果进行文字动画设置。如果有的AE　CC软件简化版本中没有这些预设动画，可以在早期的AE软件中，将Support　files目录下的Presets文件夹复制到当前安装软件的Support　files目录下，就可以使用预设文字动画效果了。选定时间线上的文本图层，执行"动画"→"将动画预设应用于"命令，在打开的"预设文本效果"对话框中，选择要应用的文本动画效果。

也可以安装Adobe　Bridge　CC软件后，执行"动画"→"浏览预设"命令，可以在

Adobe Bridge CC中预览Presets中预设的动画效果，动画效果放置在Text文件夹中。双击进入文件夹可以看到不同效果的文字特效分别列在不同的子文件夹中。

软件Adobe Bridge CC需要单独在Adobe官方网站下载，安装时要与AE CC的安装路径相同。

2. 添加预设文字动画

选中时间线上的文本图层，在Adobe Bridge CC窗口中双击预设动画效果，则预设的文字动画效果就添加到了文字图层上。也可以，选中时间线上的文本图层，在"效果和预设"面板中展开"动画预设"选项，在"文本"选项中双击需要的动画效果即可。还可以，选中时间线上的文本图层，执行"动画"→"将动画预设应用于"命令，在打开的对话框中，单击需要的效果，单击"打开"按钮即可。

3. 修改文字预设动画特效

在时间线上展开文字图层的属性，就能看到添加的动画属性参数，修改参数就可达到修改动画的效果。

 项目实施

《北国风光》——预设文字动画

通过《北国风光》项目的制作，使学习者掌握AE CC的预设文字动画添加方法，通过添加预设文字动画，制作文字逐行显示的动画效果。项目完成后的效果，如图8-1所示。

图8-1 《北国风光》的制作效果

制作步骤如下。

1）导入素材：启动AE CC软件，双击"项目"窗口的空白处，在弹出的"导入文件"对话框中，选择要导入的素材文件"背景.jpg"。

2）将"项目"窗口中的"背景.jpg"素材拖曳到"项目"窗口下方的"新建合成"按钮上，执行"合成"→"合成设置"命令，在打开的"合成设置"对话框中，将"合成名称"命名为"北国风光"，"持续时间"为15s。

3）执行"图层"→"新建"→"纯色"命令，新建一个纯色层，颜色为黑色。选中该层，执行"效果"→"模拟"→"CC Snowfall"命令，添加下雪的特效，在"特效控制"

面板中，调整雪团的大小为7.5，使得鹅毛大雪的效果更强烈，也可以调整下雪的速度。将该图层的图层模式修改为"屏幕"模式，使得可以显示下面的背景，如图8-2所示。

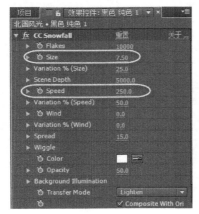

图8-2 添加"CC Snowfall"下雪特效

4）单击"预览"面板中的"播放"按钮进行预览，发现背景图片的色彩太亮，雪团的效果不很明显。展开"背景"图层的"变换"属性，设定其"不透明度"为70%，使得背景图片变暗一点。

5）单击"工具"面板中的"横排文字工具"按钮 Ｔ，在"合成"窗口中单击，确定文字的输入位置，然后将素材中的"《沁园春·雪》.txt"中的文字复制过来进行粘贴，设定字体为"华文行楷"、正文文字的大小为"20像素"，标题大小为"50像素"，"字间距"为-33，"行间距"为50，字的颜色为"黑色"，如图8-3所示。

6）选择文本图层，执行"效果"→"风格化"→"发光"命令，使文字有墨迹晕染的效果，如图8-4所示。

图8-3 文字排版效果

图8-4 添加"发光"特效

7）选中文本图层，在"效果和预设"面板中选择"动画预设"→"文字"→"多行"→"字处理"并双击该命令，动画效果便添加到文字上了，"效果和预设"面板，如图8-5所示。

8）单击数字小键盘上的<O>键预览测试动画效果，发现默认的文字动画效果较快，并且只能显示55个字符。可以进行适当的调整，选中文字图层，按<U>键显示关键帧的属性，可看到预置动画使用了4个表达式和1个自定义的"滑块"关键帧动画，如图8-6所示。

图8-5 "效果和预设"面板

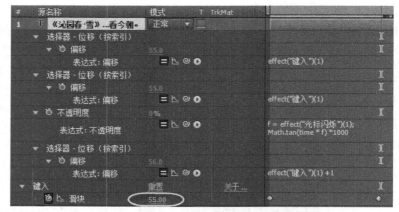

图8-6 预置动画关键帧设置

9）诗词共10行内容，计划用时10s显示完，从第1s开始显示文字，第11s结束。将"滑块"的第1个关键帧移到第1s处，最后1个关键帧移到第11s处，预览效果，还是只能显示55个字符，因为总共所有字符（文字及标点）149个，所以将时间指针移到第11s处，修改"滑块"的参数值为150（大于字符总数的149），如图8-7所示。

图8-7 修改"滑块"的参数值

10）因为诗词的出现是匀速的，没有节奏感，所以要求每出现一行之后都有一个停顿。拖动时间线指针在题目"《沁园春·雪》"出现后，而第2行还没有出现的位置，单击"滑块"左侧"添加关键帧" 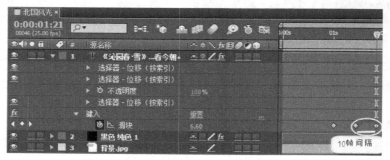 按钮来添加一个关键帧。选择这个关键帧，按<Ctrl+C>组合键进行复制，本项目计划每显示完一行的内容之后，要停顿10帧的时长，那么将指针后移10帧时长，按<Ctrl+V>组合键进行粘贴，后移的这段时间是光标闪烁、打字停顿的时间，如图8-8所示。

图8-8 设置显示完第1行之后停顿的时长

　　因为停顿用时10帧，为了保证原来的显示速度不变，那么，此时需要将最后一个关键帧相应地向后移动10帧，本项目第1行显示完之后，时间指针处于第1s11帧处，此时复制该关键帧，将指针移到第1s21帧处进行粘贴，然后将最后一个关键帧移到第11s10帧处。

　　11）依照此种方法，依次在显示完每一行诗句后暂停10帧，最后的一个关键帧也相应地向后移动10帧，才能保证显示速度不变，否则，会出现最后几行的速度太快。本项目"滑块"的关键帧设置，见表8-1。"时间线"窗口，如图8-9所示。

表8-1　"滑块"的关键帧设置

诗句	显示完之后的位置	延时10帧后	最后1个关键帧位置
第1行末	第1秒11帧	第1秒21帧	第11秒10帧
第2行末	第2秒1帧	第2秒11帧	第11秒20帧
第3行末	第3秒11帧	第3秒21帧	第12秒5帧
第4行末	第5秒6帧	第5秒16帧	第12秒15帧
第5行末	第6秒21帧	第7秒6帧	第13秒0帧
第6行末	第8秒6帧	第8秒16帧	第13秒10帧
第7行末	第9秒18帧	第10秒3帧	第13秒20帧
第8行末	第11秒13帧	第11秒23帧	第14秒5帧
第9行末	第13秒3帧	第13秒13帧	第14秒15帧

图8-9　"时间线"窗口

　　12）渲染输出：若对预览效果感到满意时，可以执行"合成"→"添加到渲染队列"命令，在"渲染队列"面板中单击"输出到："右侧的文件名，在弹出的"将影片输出到："对话框中设置影片名称和保存位置，单击"保存"按钮；单击左下角"输出模块："右侧的"无损"按钮，在弹出的"输出模块设置"对话框中单击"格式"右侧的下拉按钮，设置视频的输出格式为FLV格式，单击"确定"按钮退出对话框，单击"渲染"按钮进行渲染。

　　13）保存项目文件：执行"文件"→"整理工程（文件）"→"收集文件"命令，完成项目文件保存工作。

 **项目拓展**

《红旗渠简介》—— 旁白文字动画

　　本项目通过所给的图片素材及文本素材，添加预设文字动画，制作旁白文字动画效果，使学习者进一步掌握预设文字动画的制作方法。项目完成后的效果，如图8-10所示。

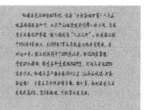

图8-10 《红旗渠简介》制作效果

制作步骤如下。

1）导入素材：启动AE CC软件，在"项目"窗口中右击，在弹出的快捷菜单中，执行"导入"→"文件"命令，在"导入文件"对话框中，选中所需的图片素材，导入进来。

2）执行"合成"→"新建合成"命令，在"新建合成"对话框中，设置"合成名称"为"红旗渠简介"，设置"合成尺寸"为"720×576像素"，"像素长宽比"为"方形像素"，"帧速率"为"25帧/秒"，"持续时间"为50s，背景为"黄色"。

3）输入文字：单击"工具"面板中的"文字工具" ，在"合成"窗口中单击，输入"红旗渠"，在"字符"面板中设定字体为"华文行楷"、大小为"100像素"，字的颜色为"红色"，进行排版，确定文字在"合成"窗口中的位置，如图8-11所示。将时间指针移到第3s的位置，选中该文字图层，按<Alt+]>组合键，确定该文字图层的出点在第3s处。

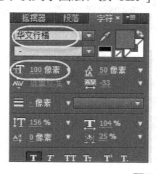

图8-11 设定字体

4）选中"红旗渠"文字层，在"效果预设"面板中展开"动画预设"选项，双击"文字"→"3D文字"→"3D行盘旋入"的预设动画，制作3D盘旋进入的文字动画效果。或者执行"动画"→"将动画预设应用于"命令，在打开的对话框中，选择"Presets"→"文字"→"3D文字"→"3D行盘旋入"，单击"打开"按钮，效果与"效果预设"面板中设定的效果一样。

在英文输入状态下，按<U>键，调整关键帧位置，让关键帧适应素材的长度，如图8-12所示。

图8-12　设置预设动画关键帧

5）将"项目"窗口中的"1.jpg"素材拖曳到"时间线"窗口的上层，确保该图片素材的入点为第3s处，选定该图层，将时间指针移到第6s处，按<Alt+]>组合键，确定该图片图层的出点在第6s处。按<S>键，调出图片的缩放属性，设定该图片缩放参数为110%，如图8-13所示。

图8-13　时间线上素材排列

6）使用"文字工具"在"合成"窗口中单击，再在素材文件夹中双击保存素材的文件夹，打开"红旗渠简介.txt"文件，按<Ctrl+C>组合键复制文本文件中的所有文字，在"合成"窗口中按<Ctrl+V>组合键进行粘贴，单击"工具"面板中的"文本工具"选定文字，在"字符"面板中设定字体为"华文行楷"，大小为"20像素"，颜色为"红色"，并进行排版。选定该文本图层，将该文本素材的入点移到第6s处。单击选中该文本图层，按<Enter>键，重命名为"红旗渠简介"。

7）选定"红旗渠简介"文本图层，在"效果预设"面板中展开"动画预设"选项，双击"文字"→"动画入"→"打字机"的预设动画，制作打字机动画效果。将时间指针移到第15s处，按<Alt+]>组合键，确定该文字图层的出点在第15s处。按<U>键，展开关键帧显示，调整关键帧位置，让关键帧适应素材时长，如图8-14所示。

图8-14　预置动画关键帧

8）将"项目"窗口中的"2.jpg"拖曳到时间线"红旗渠简介"图层的上方，将该图片素材的入点移到第15s处，按<Ctrl+Alt+F>组合键将时间指针移到第18s处按<Alt+J>组合键。

9）单击"工具"面板中的"文本工具"，在"合成"窗口中单击，输入文字"劈开太行山"。在"字符"面板中设置"华文行楷"、字号为"100像素"，颜色为红色。在"合成"窗口中排好版式，调整文字图层的入点接在前一个素材之后，出点在23s处。

10）选定"劈开太行山"文字图层，在"效果预设"面板中展开"动画预设"选项，双击"文字"→"机械"→"活塞"的预设动画，制作如活塞运动效果的文字动画。

11）将时间指针移到第23s处，将"项目"窗口中的"3.jpg"图片素材拖曳到"劈开太行山"文字图层的上方，确保该图片素材图层的入点为第23s处，选定"3.jpg"图片素材图层，按<Ctrl+Alt+F>组合键。使得该图片能适应"合成"窗口大小，将时间指针移到第26s处，按<Alt+]>组合键，确定出点为第26s处。时间线排列，如图8-15所示。

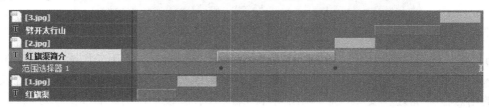

图8-15　时间线排列素材

12）单击"工具"面板中的"文本工具"，在"合成"窗口中单击，输入文字"凌空除险虎口拔牙"。在"字符"面板中设置"华文行楷"、字号为"60像素"，颜色为"红色"。在"合成"窗口中排好版式，调整文字图层的入点接在前一个素材之后，将时间指针移到第30s处，按<Alt+]>组合键，就可以确定出点在30s处。

13）选定"凌空除险虎口拔牙"图层，在"效果预设"面板中展开"动画预设"选项，双击"文字"→"跟踪"→"弹性拉伸"的预设动画，制作弹性拉伸运动效果的文字动画。按<U>键，展开关键帧设置，调整关键帧位置，让关键帧适应素材时长，如图8-16所示。

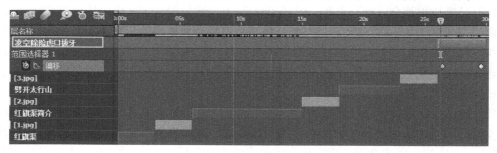

图8-16　时间线窗口

14）将"项目"窗口中的"4.jpg"图片素材拖曳到"凌空除险虎口拔牙"文字图层的上方，确保该图片素材图层的入点为第30s处，选定"4.jpg"图片素材图层，按<Ctrl+Alt+F>组合键。使得该图片能适应"合成窗口"大小，将时间指针移到第33s处，按<Alt+]>组合键，确定出点为第33s处。

15）单击"工具"面板中的"文本工具"，在"合成"窗口中单击，输入文字"红旗渠分水闸"。在"字符"面板中设置"华文行楷"、字号为"60像素"，颜色为"红色"。在"合成"窗口中排好版式，调整文字图层的入点接在前一个素材之后，将时间指针移到第36s处，按<Alt+]>组合键，就可以确定出点在36s处。

16）选定"红旗渠分水闸"图层，在"效果预设"面板"中展开"动画预设"选项，双击"文字"→"路径"→"斜坡滑入"的预设动画，制作斜坡滑入运动效果的文字动画。按<U>键，展开关键帧设置，调整关键帧位置，让关键帧适应素材时长。

17）将"项目"窗口中的"5.jpg"图片素材拖曳到"红旗渠分水闸"文字图层的上方，确保该图片素材图层的入点为第36s处，选定"5.jpg"图片素材图层，按<Ctrl+Alt+F>组合键。使得该图片能适应"合成"窗口大小，将时间指针移到第39s处，按<Alt+]>组合键，确定出点为第39s处。时间线素材排列，如图8-17所示。

图8-17　时间线素材排列

18）将"工作区域结尾滑块" ▬▬▬▬▬ 拖曳到39s处，确定渲染的时长共为39s。单击"预览"面板中的"播放"按钮进行预览效果。

19）渲染输出：若对预览效果感到满意时，可以执行"合成"→"添加到渲染队列"命令，在"渲染队列"面板中单击"输出到："右侧的文件名，在弹出的"将影片输出到："对话框中设置影片名称和保存位置，单击"保存"按钮；单击左下角"输出模块："右侧的"无损"按钮，在弹出的"输出模块设置"对话框中单击"格式"右侧的下拉按钮，设置视频的输出格式为FLV格式，单击"确定"按钮退出对话框，单击"渲染"按钮进行渲染。

20）保存项目文件：执行"文件"→"整理工程（文件）"→"收集文件"命令，完成项目文件保存工作。

项目9　文字"动画制作工具"应用

》 学习目标

1）掌握文字图层"动画制作工具"系统建立和编辑文字动画的方法。
2）利用文字"动画制作工具"系统建立丰富多彩的文字动画。
3）掌握光线追踪3D渲染器的设定方法。
4）掌握立体文字动画的制作方法。

》 知识准备

1. 文字图层的"动画制作工具"系统

利用"工具"面板中的"文字工具"在"合成"窗口中输入文字后，在时间线上展开文字图层属性，会在"文本"属性的右侧发现"动画"属性按钮，如图9-1所示。

图9-1 文本的"动画"属性

单击"动画"右侧的小三角 按钮，弹出"动画"属性快捷菜单，如图9-2所示。单击选择其中的一个动画属性，系统会自动在"文本"属性下增加一个"动画制作工具1"选项，例如，添加"位置"动画属性后的时间线显示，如图9-3所示。动画制作工具由三部分组成，分别是"动画属性""范围选择器""高级"。

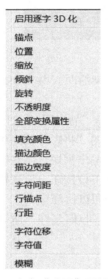

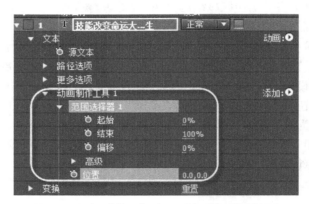

图9-2 文本"动画"属性菜单　　图9-3　添加"位置"动画属性后的时间线显示

（1）动画属性

"动画属性"是指图9-2中的任意一种要添加的动画属性，它对指定的文本区域产生影响。从图9-2中可以看出AE CC可以对文本的变换属性、颜色、字符间距等进行动画设置。

（2）范围选择器

"范围选择器"用于指定动画参数影响的范围。展开"范围选择器"选项，"起始"控制选取范围的开始位置，"结束"控制选取范围的结束位置，以百分比显示选取范围。0%表示为整段文本的开始位置，100%表示为整段文本的结束位置，通过调整"起始""结束"参数即可改变选取范围。

选取范围调整好后，可以调整"偏移"参数来控制整个选取范围的位置，通过对这三个参数设置关键帧，即可实现文本的局部动画。只有在选取范围内的内容才具有动画设置效果，范围外的区域恢复原状。

（3）高级

"高级"选项用于调整控制动画状态，如图9-4所示。"单位"下拉列表用于指定使用的单位。在"依据"下拉列表中可以选择动画调整基于何种标准；"模式"下拉列表用于设置动画的算法；"数量"参数设置动画属性对字符的影响程度；"形状"下拉列表指定动画的曲线外形；"缓和高"和"缓和低"参数控制动画曲线的平滑度，可以产生平滑或者突变的动画效果。

对文本添加动画后，可以看到"动画制作工具1"后面增加了"添加"下拉列表。该下拉列表可以在当前动画中新增"属性"或者"选择器"，如图9-5所示。也可以在"动画制作工具"中设置若干个动画，产生较为复杂的文字动画。

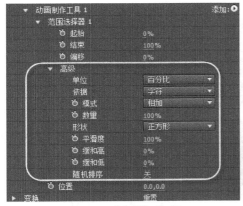

图9-4 "高级"选项

图9-5 "添加"下拉列表

2. "光线追踪3D"渲染器

"光线追踪3D"渲染器可以模拟真实的物理反射特性进行渲染，从而让3D渲染出来的场景更真实，例如，模拟玻璃的反射、镜子的反射、金属的反射等。在AE CC中对文字和形状图层进行光线追踪3D渲染可以制作立体文字效果和立体图形。

在新建"合成设置"对话框中有2个选项卡，默认是在"基本"选项卡下，可以对制作的影片的画面大小、帧速率、持续时间、背景颜色等进行设置，如图9-6所示。

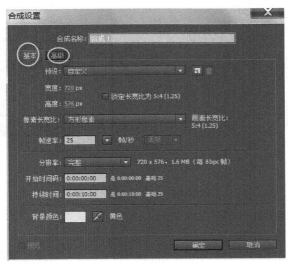

图9-6 新建"合成设置"对话框"基本"选项卡

当单击"高级"选项卡时，在"渲染器"右侧的下拉列表中，选择"光线追踪3D"就可以将"渲染器"设置为"光线追踪3D"渲染器，如图9-7所示。当选中图层，并将合成设置为"光线追踪3D"时，单击"确定"按钮后，弹出"警报"对话框，如图9-8所示，提示可以渲染和不能渲染的内容。当将所选中的图层转为三维图层后，会在图层属性面板中看到一些新的属性，如图9-9所示。

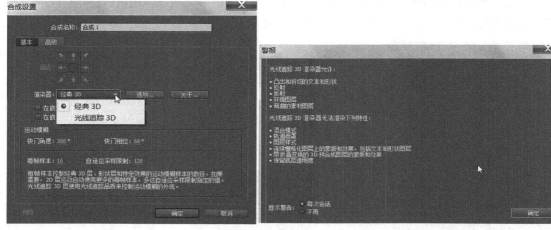

图9-7　设置"光线追踪3D"渲染器　　　　　图9-8　"光线追踪3D"渲染警报

图9-9　新增的图层属性

1）"几何选项"可以设置立体效果，"斜面样式"有"无""尖角""凹面""凸面"4个选项，"斜面深度"可设置立体两端的倾斜面厚度，"凸出深度"可设置立体效果的厚度。

2）"材质选项"可对模拟的物理参数进行设置，其参数的变化会在"合成"窗口中及时体现出来。

3）"动画"可以添加相应的动画属性，在时间线上会出现对应的"动画制作工具"，可对"范围选择器"的参数及"动画"属性参数设置动画效果，如图9-10所示。

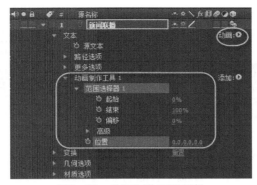

图9-10　动画制作工具属性

项目实施

《技能改变命运》——文字"动画制作工具"制作动画

　　一般可以利用文字图层的基本属性设置动画、预置文字动画、动画制作工具系统制作文字动画。通过《技能改变命运》项目的制作，使学习者掌握AE CC中利用文字"动画制作工具"系统的"属性"和"范围选择器"来制作文字的动画。项目完成后的效果，如图9-11所示。

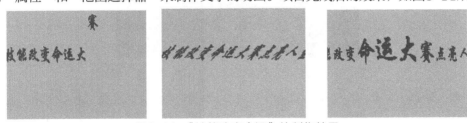

图9-11　《技能改变命运》的制作效果

　　制作步骤如下。

　　1）建立合成：启动AE CC软件，执行"合成"→"新建合成"命令，在打开的"合成设置"对话框中，将"合成名称"命名为"技能改变命运"，大小为"720×576像素"，"帧速率"为"25帧/秒"，"像素长宽比"为"方形像素"，"持续时间"为10s，背景"颜色"为"黄色"。

　　2）单击"工具"面板中的"文本工具"T，在"合成"窗口中单击并输入文字"技能改变命运大赛点亮人生"，在"字符"面板中设定字的颜色为红色，字体为"华文行楷"、大小为"60像素"、字型为"加粗"，如图9-12所示。

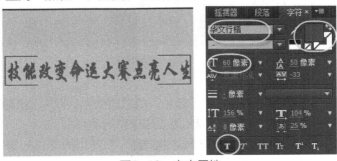

图9-12　文字属性

3）选中文字图层，在"段落"面板中单击"居中对齐"按钮，再调整一下文字在"合成"窗口中的位置。这样就使得文本的中心点处于文字的水平中间位置，如图9-13所示。

图9-13　文字的段落设置

4）制作文字从"合成"窗口的上方逐个飞入的动画效果。

展开文本图层的属性，单击"动画"右侧的按钮 动画:▶，在弹出的下拉列表中，选择"位置"选项，设置"位置"的Y轴坐标值为-300，使得文字处于"合成"窗口的上方，如图9-14所示。

图9-14　设置"动画制作工具1"下的"位置"属性

> 注意：添加了"动画"下的"位置"动画后，时间线上就会出现"动画制作工具1"的选项，有一个"范围选择器1"选项，当"起始"为0%，"结束"为100%时，则选取范围是整段文字，默认的就是这种状态，当"位置"改变时，整段文字都在移动，这是因为只有在选取范围内的文字才具有"位置"动画属性，选取范围外的文字依然保持添加"位置"动画之前的初始状态。

将时间线指针移到第0s处，单击"起始"左侧的"钟表"按钮 ，启动"起始"关键帧，此时"起始"参数值为0%，将时间指针移到第2s处，设置"起始"参数值为100%，拖动时间线指针，会发现文字逐个从"合成"窗口顶部飞入，如图9-15所示。

动画制作工具 1		添加:▶		
▼ 范围选择器 1				
起始	100%		◆	◆
结束	100%			
偏移	0%			
▶ 高级				
位置	0.0,-300.0			

图9-15　"起始"关键帧设置

5）制作文字彼此隔开距离的动画。

在上一步制作中，在第2s时由于设定"起始"的数值变为100%，使得文字的选取范围为变为0，所有的动画属性将不影响文字。因此需要建立新的动画。

选中文字图层，单击"动画"右侧的按钮 动画:▶，在弹出的下拉列表中，选择"字符间距"选项，系统自动建立了"动画制作工具2"，此时指针处于第2s处，启动"字符间距大小"关键帧，将指针移到第3s处，设置"字符间距大小"的参数为4，使得文字从中间彼此隔开距离，如图9-16所示。

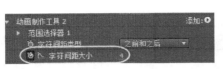

图9-16　设置"字符间距大小"关键帧

6）制作文字左右摆动的动画。

在"动画制作工具2"中的选取范围包含所有文字，所以不需要建立新的动画，只需要在现有基础上添加新的动画属性。单击"动画制作工具2"右侧的"添加"按钮，在弹出的快捷菜单中执行"属性"→"倾斜"命令，将时间指针移到第3s10帧处，启动"倾斜"关键帧，指针移到第4s处，设置"倾斜"的参数值为40，将时间指针移到第4s15帧处，设置"倾斜"的参数值为-40，将时间指针移到第4s20帧处，设置"倾斜"的参数值为0，如图9-17所示。

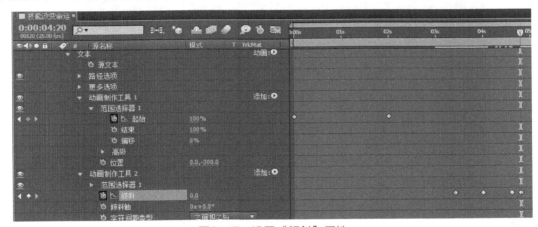

图9-17　设置"倾斜"属性

7）制作所有文字随波浪划过的动画效果。

选中文字图层，单击"动画"右侧的按钮，在下拉列表中选择"缩放"，时间线出现"动画制作工具3"选项，展开"范围选择器1"，设置"结束"为30%，"缩放"为200%。单击"动画制作工具3"右侧的"添加"按钮，在弹出的菜单中选择"字符间距"，设置"字符间距大小"为50。将时间指针移到第5s5帧处，启动"缩放""偏移"关键帧，设置"偏移"数值为-29%。将时间指针移到第5s4帧处，设置"缩放"为100%。将时间指针移到第7s处，设置"偏移"为100%，展开"高级"选项，设置"形状"为圆形，拖动时间线指针观察效果，就看到了文字随波浪进行滑动、鼓出放大再缩回的动画，时间线如图9-18所示。

8）将时间线上的"工作区域结尾"滑块拖曳到第7s处，使得该合成的渲染时长为7s。

9）渲染输出：若对预览效果感到满意时，可以执行"合成"→"添加到渲染队列"命令，在"渲染队列"面板中单击"输出到："右侧的文件名，在弹出的"将影片输出到"对话框中设置影片名称和保存位置，单击"保存"按钮；单击左下角"输出模块："右侧的"无损"按钮，在弹出的"输出模块设置"对话框中单击"格式"右侧的下拉按钮，设置视频的输出格式为FLV格式，单击"确定"按钮退出对话框，单击"渲染"按钮进行渲染。

10）保存项目文件：执行"文件"→"整理工程（文件）"→"收集文件"命令，完成项目文件保存工作。

图9-18 "时间线"窗口

 **项目拓展**

《新闻联播》——立体文字动画

本项目通过使用光线追踪3D渲染器来制作立体文字效果，结合文本动画制作工具设置文字动画，使学习者进一步掌握立体文字动画的制作方法。项目完成后的效果，如图9-19所示。

图9-19 《新闻联播》制作效果

制作步骤如下。

（1）导入素材

启动AE CC软件，在"项目"窗口中右击，在弹出的快捷菜单中，执行"导入"→"文件"命令，在"导入文件"对话框中，选中所需的"联播背景.mp4"和"开播音乐.mp3"素材，导入进来。

（2）建立合成

执行菜单命令"合成"→"新建合成"，在打开的"合成设置"对话框中，设置"合成名称"为"新闻联播"，将"预设"选择为"HDV/HDTV 720 25"，将"持续时间"设为17s，单击"确定"按钮，如图9-20所示。将"项目"窗口中的"联播背景.mp4"和"开播音乐.mp3"素材拖曳到"时间线"窗口中。

展开"联播背景.mp4"图层的"变换"属性，将"缩放"比例修改为200%，如图9-21所示。因为"开播音乐.mp3"的时长是16s21帧，所以将"联播背景.mp4"的出点定在16s21帧处。

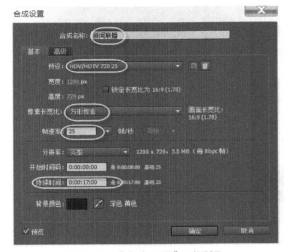

图9-20 "合成设置"对话框

图9-21 修改"联播背景"的缩放比例

（3）建立文字动画

1）在"时间线"窗口的空白处右击，在弹出的菜单中执行"新建"→"文本"命令，单击"工具"面板中的"横排文本工具"按钮，在"合成"窗口中输入"关注新闻"，按数字小键盘上的<Enter>键结束输入状态，在"字符"面板中设置字体为"经典黑体简"，大小为"140像素"，在"段落"面板中设置为"居中对齐文本"，如图9-22所示。

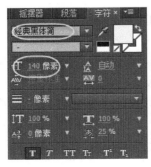

图9-22 建立文本

2）将时间线指针移到第4s处，拖曳"关注新闻"文字层的入点到第4s处。

3）展开文字图层，单击"动画"右侧的▶按钮，选择弹出列表中的"启用逐字3D化"，文字层的三维开关处将显示为 ▦ 开关。

4）单击"动画"右侧的▶按钮，选择弹出列表中的"字符间距"，将添加一个"动画制作工具1"，在第4s处单击打开"字符间距大小"左侧的"钟表"按钮，设置参数为100，将时间指针移到第8s处，设置参数为10。

5）单击"添加"后面的▶按钮，选择弹出列表中的"属性"→"旋转"，将在"动画制作工具1"下添加"旋转"属性，将时间线指针移到第4s处，单击打开"Y轴旋转"前面的秒表，设定参数为-60°，将时间线指针移到第8s处，设定参数为0°，时间线文字图层显示，如图9-23所示。拖动时间线指针，查看文字动画效果，发现文字向中心合拢的同时，由倾斜的侧面转正。

图9-23　设置文本动画

6）单击"添加"后面的▶按钮，选择弹出列表中的"属性"→"位置"，将在"动画制作工具1"下添加"位置"属性，将时间线指针移到第8s处，单击打开"位置"左侧的"钟表"按钮，设置第8s处为（0，0，0，），第8s24帧时为（0，0，-540）。

7）将"Y轴旋转"的第8s24帧设为90°，然后按<Alt+J>组合键剪切文字图层出点。查看文字动画，文字旋转的同时向近处飞出画面。

8）选中"关注新闻"文字图层，按<Ctrl+D>组合键创建一个副本，双击复制的图层修改文字为"XUE YUAN TV"，按数字小键盘上的<Enter>键结束输入状态。在"字符"面板中设置字的大小为"50像素"，设置基线偏移为-100，在时间轴中将时间移到第4s处，将动画制作工具下的参数"字符间距大小"修改为50。

9）选中这两个文字图层，按<Ctrl+C>组合键进行复制，再按<Ctrl+V>组合键进行粘贴，然后将复制产生的两个新层入点移到第9s处，将文字修改为"新闻联播"和"学院电视台"。

10）选中"新闻联播"图层，按<U>键展开其关键帧属性，将时间指针移到第9s处，重新设置"位置"为（0，0，-540），"Y轴旋转"为60，"字符间距大小"100；第11s12帧处设置"位置"为（0，0，0），"Y轴旋转"为0，"字符间距大小"为10，删除其他关键帧。

11）选中"学院电视台"，按<U>键展开其关键帧属性，将时间指针移到第9s处，重新

设置"位置"为（0，0，-540），"Y轴旋转"为60，"字符间距大小"50；第11s12帧处设置"位置"为（0，0，0），"Y轴旋转"为0，"字符间距大小"为80，删除其他关键帧，如图9-24所示。

图9-24　复制后的文字关键帧设置

12）拖动"新闻联播"图层的出点至第16s21帧处；再把"学院电视台"图层的出点至第16s21帧处，使得文字与音乐时长相同。

（4）设置立体文字效果

1）执行"合成"→"合成设置"命令，在打开的"合成设置"对话框中，单击"高级"选项卡，在"渲染器"右侧的下拉列表中，选择"光线追踪3D"，如图9-25所示，单击"确定"按钮。

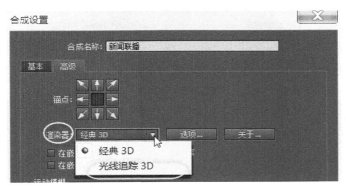

图9-25　设置"光线追踪3D"渲染器

注意：在"光线追踪3D"渲染器的合成中，预览运算量比较大，可以适当降低预览质量来换取较快的预览时间，可以将合成面板下的分辨率设为"自动"或者"四分之一"，将图层的"质量和采样"开关切换为█状态。

2）首先设置"新闻联播"的立体文字效果（文字厚度）。展开"新闻联播"图层下的"几何选项"，将"斜面样式"设为"凸面"，"斜面深度"设为5，"凸出深度"设为50，如图9-26所示。

3）展开"新闻联播"图层的属性，单击"文本"属性"动画"后面的▶按钮，选择"前面"→"颜色"→"RGB"命令，这样就添加了一个"动画制作工具2"，然后将其中的"正面颜色"设为RGB（255，255，0）黄色，如图9-27所示。

图9-26　设置文字的厚度

图9-27　设置文字正面的颜色

4）在"动画制作工具2"下单击"添加"后面的 ▶ 按钮，选择"属性"→"斜面"→"颜色"→"RGB"命令，添加一个"斜面颜色"，设为RGB（255，150，0）橙黄色。

5）在"动画制作工具2"下单击"添加"后面的 ▶ 按钮，选择"属性"→"边线"→"颜色"→"RGB"命令，添加一个"侧面颜色"，设为RGB（255，100，0）橙色，如图9-28所示。

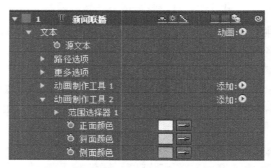

图9-28　添加"斜面"和"侧面"颜色

6）此时预览文字效果，发现文字没有质感和空间感。

7）为了增加质感和空间感，需要添加灯光。在时间线的空白处右击，选择"新建"→"灯光"命令，在打开的"灯光设置"对话框中设置"灯光类型"为"聚光"，"强度"为50%，单击"确定"按钮建立"灯光1"，在时间轴中，展开"灯光1"图层的"变换"属性，将其"位置"的Z轴设为-1000，在"自定义视图1"中查看，如图9-29所示。

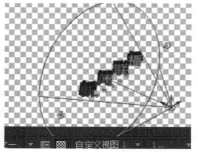

图9-29　设置"灯光1"

8）在时间线的空白处右击，选择"新建"→"灯光"命令，在打开的"灯光设置"对话框中设置"灯光类型"为"平行"，"强度"为50%，单击"确定"按钮建立"灯光2"，在

时间轴中，展开"灯光2"图层的"变换"属性，将其"位置"的X轴设为1500，在"自定义视图1"中查看，如图9-30所示。

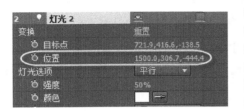
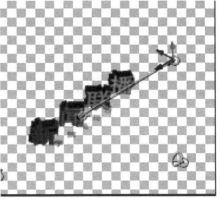

图9-30 设置"灯光2"

9）在时间线的空白处右击，选择"新建"→"灯光"命令，在打开的"灯光设置"对话框中设置"灯光类型"为"平行"，"强度"为35%，单击"确定"按钮建立"灯光3"，在时间轴中，展开"灯光3"图层的"变换"属性，将其"位置"的X轴设为0，在"自定义视图1"中查看，如图9-31所示。

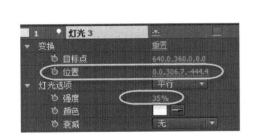

图9-31 设置"灯光3"

10）设置"学院电视台"文字的厚度。选中"学院电视台"图层，展开"几何选项"，将"斜面样式"设为"凸面"，"凸出深度"设为5。

11）设置"学院电视台"文字的颜色与"新闻联播"文字同样的颜色。使用复制和粘贴的方法来制作。展开"新闻联播"图层，单击选定"动画制作工具2"，按<Ctrl+C>组合键进行复制，然后，选定"学院电视台"图层，按<Ctrl+V>组合键进行粘贴，使得"学院电视台"与"新闻联播"具有同样的颜色。

12）同样为其他文字设置立体效果，使用复制和粘贴的方法来制作。展开"新闻联播"图层，按<Ctrl>键依次单击选定"动画制作工具2""几何选项"，按<Ctrl+C>组合键进行复制；然后选中"关注新闻"图层，按<Ctrl+V>组合键进行粘贴，这样将设置立体文字的属性进行了复制操作，如图9-32所示。

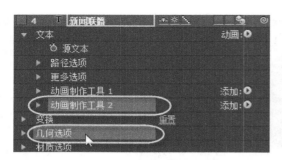 

图9-32　复制图层的属性设置

13）在"学院电视台"图层下，按<Ctrl>键依次单击选定"动画制作工具2"和"几何选项"属性，按<Ctrl+C>组合键进行复制；然后选中"XUE YUAN TV"图层，按<Ctrl+V>组合键进行粘贴。

（5）渲染输出

若对预览效果感到满意时，可以执行"合成"→"添加到渲染队列"命令，在"渲染队列"面板中单击"输出到："右侧的文件名，在弹出的"将影片输出到："对话框中设置影片名称和保存位置，单击"保存"按钮；单击左下角"输出模块："右侧的"无损"按钮，在弹出的"输出模块设置"对话框中单击"格式"右侧的下拉按钮，设置视频的输出格式为FLV格式，单击"确定"按钮退出对话框，单击"渲染"按钮进行渲染。

（6）保存项目文件

执行"文件"→"整理工程（文件）"→"收集文件"命令，完成项目文件的保存工作。

第4单元 三 维 合 成

项目10 三维图层合成

➤ 学习目标

1）了解三维效果的基本思路和技巧。

2）熟悉三维图层、绑定等工具的功能。

3）掌握空物体的使用方法。

4）掌握应用三维图层的技巧。

➤ 知识准备

1. 三维空间

客观存在的现实空间就是三维空间，具有长、宽、高三种度量，也称为三个维度。所有的物体都是三维对象，对它进行旋转或者改变观察视角时，所观察的内容将有所不同。

2. 三维视图

在"合成"窗口中单击底部的按钮 活动摄像机，可以通过多个视图进行观察，如图10-1所示。

1）活动摄像机：用户可以在活动摄像机视图中对3D对象进行操作，它相当于所有摄像机的总控制台。

2）摄像机1：人工添加摄像机后才出现该视图。如果需要在三维空间中进行特效合成，最后输出的影片都是摄像机视图中所显示的影片，摄像机视图就好像是用户扛着一架摄像机在进行拍摄一样。可添加多个摄像机。

3）六视图：六视图包含立方体的六个面，利用这些视图可以从不同角度观察三维空间中对象。

4）自定义视图：自定义视图不使用任何透视，在该视图中用户可以直观地看到对象在三维空间中的位置，而不受透视产生的其他影响。

3. 三维图层的属性

时间线上有一列三维开关，每一个图层都有一个三维开关按钮。当单击图层的"三维开关"按钮时，图层就转为三维图层，图层的属性也发生了变化，增加了Z轴的数据，并且还具有"材质选项"属性，如图10-2所示。

图10-1 视图的观察方式

图10-2 三维图层的属性

项目实施

《立方盒子动画》——三维图层的合成

本项目通过《立方盒子动画》项目的制作，通过转动，立体盒子的每个角度都在观众眼前，相对于平面效果有更强的立体感。制作过程中需要用到图层属性、绑定、摄像机等功能，通过设定相应的参数，完成作品的制作。项目完成后的效果，如图10-3所示。

图10-3 立方盒子效果

制作步骤如下。

（1）创建合成

启动AE CC软件后，执行"合成"→"新建合成"命令，创建一个"预设"为PAL/DV的合成，"合成名称"命名为BOX，设置"持续时间"为5s，如图10-4所示。

（2）导入素材

在"项目"窗口中双击，在弹出的"导入文件"对话框中，分别选择要导入的素材，然后单击"打开"按钮，即可导入素材，并将素材添加到"时间线"窗口中，调整图层排列顺序，如图10-5所示。

（3）开启三维图层

按<Ctrl>键，选中"1.jpg"至"6.jpg"，开启三维模式按钮，开启三维模式时，可以直接单击"三维开关"按钮 ，如图10-6所示。

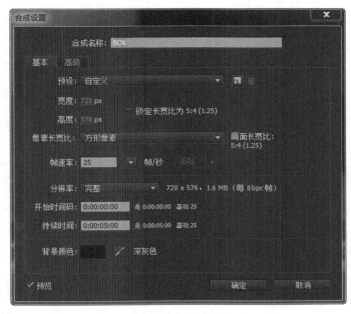

图10-4 "BOX"合成的相关设置

图10-5 添加到时间线中的素材

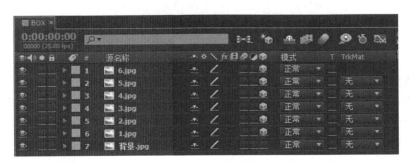

图10-6 开启图层的三维模式

（4）添加摄像机图层

执行"图层"→"新建"→"摄像机"命令，建立摄像机。将摄像机命名为"摄像机1"，如图10-7所示。创建后的摄像机图层，如图10-8所示。

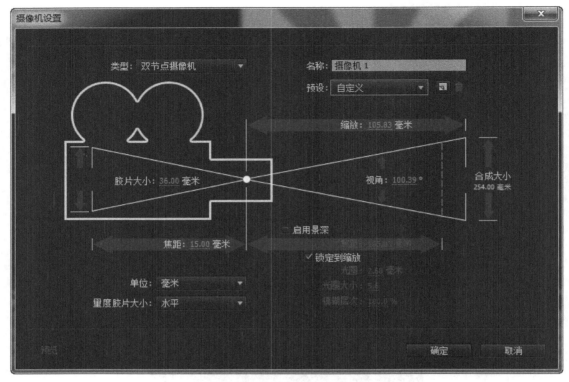

图10-7　默认情况下摄像机参数

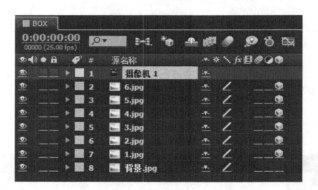

图10-8　时间线中的摄像机层

（5）在时间线上编辑素材

1）单击工具栏中的"统一摄像机工具"，如图10-9所示。在"合成"窗口中拖动鼠标，设置一个立体感比较强的角度，为拼接盒子做准备，摇至合适角度后的"合成"窗口画面，如图10-10所示。

2）选择"1.jpg"层，按<P>键激活图层的位置参数，将其第3项Z轴参数设置为-200，如图10-11所示，调整后"合成"窗口画面，如图10-12所示。

3）选择"2.jpg"层，按<R>键激活图层的旋转参数，将"Y轴旋转"参数设置为90，如图10-13所示。调整后"合成"窗口画面，如图10-14所示。按<P>键激活图层的位置参数，将X轴数值减小200，原来为360，现在为160，如图10-15所示。调整后"合成"窗口画面,如图10-16所示。

图10-9   工具栏中"统一摄像机工具"   图10-10   摇至合适角度后的"合成"窗口画面

图10-11   调整"1.jpg"层的位置参数   图10-12   调整位置参数后的"合成"窗口画面

图10-13   调整"2.jpg"层的旋转参数   图10-14   调整旋转参数后的"合成"窗口画面

图10-15   调整"2.jpg"层的位置参数   图10-16   调整位置参数后的"合成"窗口

4)选择"3.jpg"层,按<P>键激活图层的位置参数,将Z轴数值增大为200,如图10-17所示,调整后"合成"窗口画面,如图10-18所示。

5)选择"4.jpg"层,按<R>键激活图层的旋转参数,将"X轴旋转"参数设置为90,如图10-19所示。调整后"合成"窗口画面,如图10-20所示。按<P>键激活图层的位置参数，将Y轴数值设置为488，如图10-21所示。调整后"合成"窗口画面，如图10-22所示。

6）选择"5.jpg"层，按<R>键激活图层的旋转参数，将"X轴旋转"参数设置为90，如图10-23所示。调整后"合成"窗口画面，如图10-24所示。按<P>键激活图层的位置参数，将Y轴数值设置为88，如图10-25所示。调整后"合成"窗口画面，如图10-26所示。

图10-17　调整"3.jpg"层的位置参数

图10-18　调整位置参数后的"合成"窗口

图10-19　调整"4.jpg"层的旋转参数

图10-20　调整旋转参数后的"合成"窗口画面

图10-21　调整"4.jpg"层的位置参数

图10-22　调整位置参数后的"合成"窗口画面

图10-23　调整"5.jpg"层的旋转参数

图10-24　调整旋转参数后的"合成"窗口

图10-25　调整"5.jpg"层的位置参数　　　　图10-26　调整位置参数后的合成窗口

7）选择"6.jpg"层，按<R>键激活图层的旋转参数，将"Y轴旋转"参数设置为90，如图10-27所示。调整后"合成"窗口画面，如图10-28所示。按<P>键激活图层的位置参数，将X轴数值设置为560，如图10-29所示。调整后"合成"窗口画面，如图10-30所示。

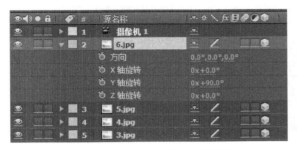

图10-27　调整"6.jpg"层的旋转参数　　　　图10-28　调整旋转参数后的"合成"窗口

图10-29　调整"6.jpg"层的位置参数　　　　图10-30　调整位置参数后的"合成"窗口

（6）建立空对象层，绑定图层

1）执行"图层"→"新建"→"空对象"命令，建立空对象层。

2）选中"1.jpg"～"6.jpg"6个图层，在其中任何一个图层的"父级"属性下单击，在下拉菜单中选"空1"层，把所有图层链接到空对象层上，如图10-31所示。

3）将时间线上的位置标尺移动起始点，选择"空1"图层，打开其三维模式属性，按<R>键显示旋转属性，单击X、Y、Z"旋转"参数前面的"钟表"按钮，添加关键帧，如图10-32所示。

4）将时间线上的位置标尺拖到尾部，将X、Y、Z"旋转"参数设置为720，即旋转两周，"时间线"窗口上的参数，如图10-33所示，此时自动记录关键帧。

5）动画制作完成，预览效果。

图10-31 设置图层的父子链接

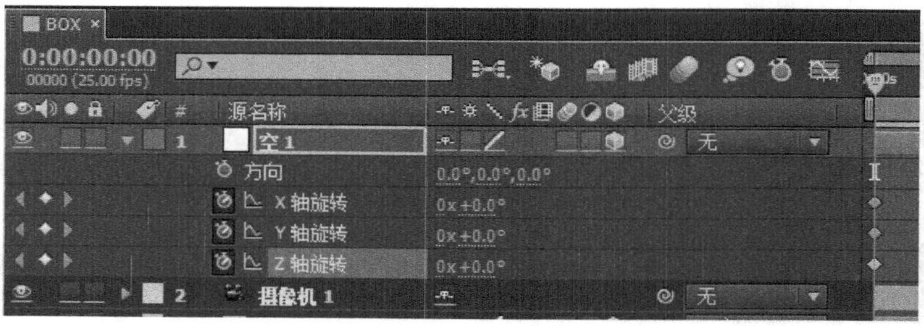

图10-32 激活关键帧后的"时间线"窗口

图10-33 设置旋转角度后"时间线"窗口

（7）渲染输出

若对预览效果感到满意时，可以执行"合成"→"添加到渲染队列"命令，在"渲染队列"面板中单击"输出到："右侧的文件名，在弹出的"将影片输出到："对话框中设置影片名称和保存位置，单击"保存"按钮；单击左下角"输出模块："右侧的"无损"按钮，在弹出的"输出模块设置"对话框中单击"格式"右侧的下拉按钮，设置视频的输出格式为FLV格式，单击"确定"按钮退出对话框，单击"渲染"按钮进行渲染。

（8）保存项目文件

执行"文件"→"整理工程（文件）"→"收集文件"命令，完成项目文件的保存工作。

≫ 项目拓展

《立体相册》——三维图层的应用

本项目利用三维图层合成功能制作立体相册翻页效果，利用空对象完成整体角度的旋转，其制作效果如图10-34所示。

图10-34 《立体相册》制作效果

制作步骤如下。

（1）新建合成

启动AE CC软件后，创建一个"预设"为PAL/DV的合成，在"合成设置"对话框中将"合成名称"命名为"Comp1"，"持续时间"为5s，设置合成参数，如图10-35所示。

（2）导入素材

在"项目"窗口中双击，在弹出的"导入文件"对话框中，分别选择要导入的素材，然后单击"打开"按钮，即可导入素材，并将素材添加到"时间线"窗口中，调整图层排列顺序，如图10-36所示。

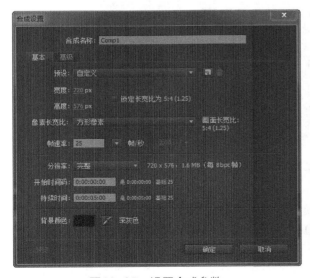 

图10-35 设置合成参数　　　　　图10-36 图层排序

（3）开启三维图层

按<Ctrl>键，选中5个图层，开启三维模式按钮，开启三维模式时，可以直接单击"三维开关"按钮，如果时间线上未出现三维开关，可单击"时间线"窗口下方的"切换开关/模式" 切换开关/模式 按钮。

（4）在时间线上编辑素材

1）调整5个图层的轴心点：选中所有图层，按<P>键显示"位置"属性，再按<Shift+A>组合键，显示"锚点"属性，修改"锚点"的Y轴数值为0，再将"位置"的Y轴修改为306，如图10-37所示。

图10-37　设置所有图层的属性值

2）创建图层"封面"的关键帧动画：选择"封面"图层，按<R>键展开"旋转"属性，将时间指针移动到"00:00:00:00"处，即"封面"图层的入点，启动"X轴旋转"关键帧，再将时间指针移动到"00:00:00:10"处，修改"X轴旋转"数值为"0×-129"，如图10-38所示。

图10-38　"封面"图层关键帧动画

3）创建图层"1.jpg"的关键帧动画：选择图片1所在的图层，按<R>键展开"旋转"属性，将时间指针移动到"00:00:00:15"帧，即"1.jpg"图层的入点，启动"X轴旋转"关键帧，再将时间指针移动到"00:00:01:00"帧处，修改"X轴旋转"数值为"0×-128"，如图10-39所示。

4）依照上面步骤2）、3）的方法，分别创建图片2、图片3图层的关键帧动画，如图10-40和图10-41所示。"封底"图层不做动画。

（5）建立空对象层，设置参数

1）执行"图层"→"新建"→"空对象"命令，建立空对象层。

2）选中"封面""1.jpg""2.jpg""3.jpg""封底"5个图层，在其中任何一个图层的"父级"属性下单击，在下拉菜单中选择"空1"层，把所有图层链接到空对象层上，如图10-42所示。

图10-39 "1.jpg"图层关键帧动画

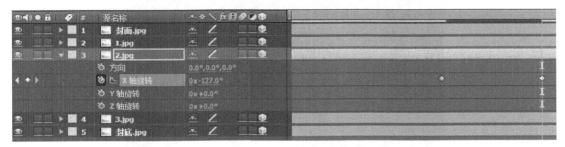

图10-40 "2.jpg"图层关键帧动画

图10-41 "3.jpg"图层关键帧动画

图10-42 为空对象设置父子关系

3）将时间线上的位置标尺移动起始点，选择"空1"图层，打开其三维模式属性。调整"位置"数值为（379，370，0），"X轴旋转"数值为"0×–51"，"Y轴旋转"数值为"0×–3"，"Z轴旋转"数值为"0×–37"，如图4-43所示，使相册在视图中有一定透视角度，调整后效果如图10-44所示。

图10-43 "空1"图层的旋转参数设置

图10-44 调整后效果图

4）将时间线指针移动到"00:00:00:00"帧处，开启"Z轴旋转"属性前的"钟表"按钮，启动关键帧，将时间线指针移动到"00:00:02:05"帧处，微调"Z轴旋转"的数值为"0×–29"，时间线如图10-45所示。调整后效果如图10-46所示。

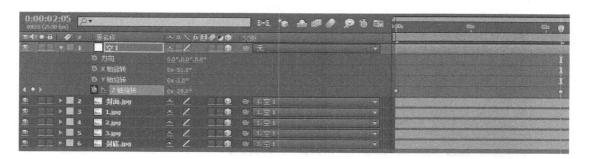

图10-45 设置空对象关键帧动画

图10-46　调整后效果图

（6）预览效果

动画制作完成，单击"预览"面板中的"播放"▶按钮，进行效果预览。发现时间指针从3s之后是无动画的，将工作区的右端滑块██拖到4s位置，再按数字小键盘<0>键进行预览测试。

（7）渲染输出

若对效果感到满意时，可以执行"合成"→"添加到渲染队列"命令，在"渲染队列"面板中单击"输出到："右侧的文件名，在弹出的"将影片输出到："对话框中设置影片名称和保存位置，单击"保存"按钮；单击左下角"输出模块"右侧的"无损"按钮，在弹出的"输出模块设置"对话框中单击"格式"右侧的下拉按钮，设置视频的输出格式为FLV格式，单击"确定"按钮退出对话框，单击"渲染"按钮进行渲染。

（8）保存项目文件

执行"文件"→"整理工程（文件）"→"收集文件"命令，完成项目文件的保存工作。

项目11　摄像机动画

▶ 学习目标

1）掌握添加摄像机的方法。

2）掌握摄像机控制工具的使用方法。

3）能利用摄像机关键帧建立摄像机动画。

▶▶ 知识准备

1. 建立摄像机的方法

执行"图层"→"新建"→"摄像机"命令，在弹出的"摄像机设置"对话框中，可以设置摄像机的名称、预置、视角、缩放、焦距等，如图11-1所示。单击"确定"按钮即可在场景中建立摄像机。

1）类型：摄像机的类型。

2）预置：预置的摄像机镜头规格。

3）缩放：镜头到拍摄物体的距离。

4）视角：视野角度。

5）焦距：摄像机的焦点长度。

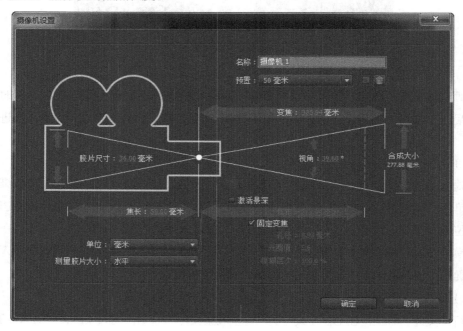

图11-1 "摄像机设置"对话框

2. 三维环境中常用的几种镜头类型

1）15mm：广角镜头，具有极大的视野范围，会看到更广阔的空间。

2）200mm：鱼眼镜头，视野范围极小，从这个视角只能观察到极小的空间，它几乎不会产生透视变形。

3）35mm：标准镜头，类似于人眼的视角，它的视野范围与人眼的视野范围最为相似。

3. 摄像机属性

1）灯光类型不同，参数也不同。

2）摄像机具有目标点、位置等属性。通过调节这些属性，用户可以设置摄像机的浏览动画。

3）目标点参数确定镜头的观察方向。目标点与位置的连线方向为视线方向。

4）位置参数确定摄像机在三维空间中的方位。调整该参数，可以移动摄像机位置。

4. 摄像机视图控制工具

当添加摄像机后，可以单击"工具"面板上的"摄像机视图控制工具"来调整摄像机的方位，如图11-2所示。就像使用者处在摄像师的位置一样，直接在取景器观察结果，完成对摄像机的操作，在操作时，一定要切换到相应的摄像机视图。

图11-2　摄像机视图控制工具

1）统一摄像机工具：进入摄像机视图，选择该工具。按住鼠标左键可以旋转摄像机视图。按住鼠标中键（滑轮）可以移动摄像机视图。按住鼠标右键，可以沿Z轴推拉摄像机视图。

2）轨道摄像机工具：进入摄像机视图，选择该工具，在"合成"窗口中左右或上下拖动鼠标，可以水平或垂直旋转摄像机视图。

3）跟踪XY摄像机工具：进入摄像机视图，选择该工具，可以移动摄像机视图。

4）跟踪Z轴摄像机工具：进入摄像机视图，选择该工具，可以沿Z轴拉远或推进摄像机视图。

 **项目实施**

《国画展示》——摄像机动画

本项目利用摄像机的景深控制画面的清晰与模糊，从而利用摄像机视图控制工具制作画面随音乐而动的动画，其制作效果，如图11-3所示。

 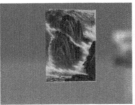  

图11-3　《国画展示》制作效果

制作步骤如下。

（1）创建合成

启动AE　CC软件后，创建一个"预设"为PAL/DV的合成，"合成名称"为"国画展示"，合成的尺寸设置为"720像素×576像素"，"像素长宽比"为"方形像素"，"帧频

率"为"25帧/秒"，"持续时间"为5s，"背景颜色"为"浅灰色"，如图11-4所示。

（2）导入素材

在"项目"窗口中双击，在弹出的"导入文件"对话框中，选择要导入的素材"1.jpg"～"4.jpg"，然后单击"打开"按钮，即可导入素材，并将素材添加到"时间线"窗口中，调整图层排列顺序，如图11-5所示。

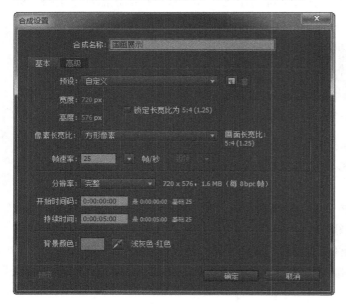

图11-4 "合成设置"对话框

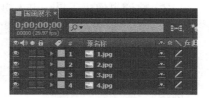

图11-5 时间线上图层排列顺序

（3）添加新图层

1）在时间线上的空白处右击，在弹出的菜单中执行"新建"→"纯色"命令，在打开的"纯色设置"对话框中设置"名称"为"地面"，"大小"为"3000像素×3000像素"，"颜色"为"深灰色（R：166，G：158，B：158）"，单击"确定"按钮，建立一个深灰色纯色层作为地面，如图11-6所示。

2）将纯色层拖到时间线底层，转换为3D图层，展开图层属性，设置"X轴旋转"为90，作为地面，如图11-7所示。

3）将时间线上的其他4个图层转换为3D图层，在"合成"窗口中单击底部 活动摄像机 按钮切换到"正面"视图中，将纯色图层在Y轴方向下调到其他4张图片的底部，作为地面，如图11-8所示。

4）切换到"顶部"视图中，将4个图片调整前后位置分开排列，"图层4"排在最前面，"图层1"排到最后面，如图11-9所示。

（4）添加摄像机图层

切换回到"活动摄像机"视图，执行"图层"→"新建"→"摄像机"命令，建立摄像机图层。将摄像机命名为"摄像机1"，单击"工具"面板中的"统一摄像机工具"按钮 ，分别按住鼠标的左、中、右键拖动，调整摄像机视图的角度，效果如图11-10所示。

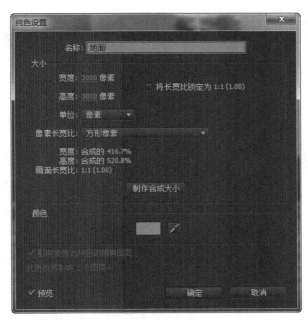

图11-6　新建"纯色层"参数设置

图11-7　设置纯色层属性

图11-8　调整地面的位置

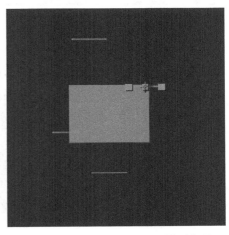

图11-9　"顶部"视图图片排列位置

图11-10　调整摄像机视角后的效果

（5）在时间线上编辑素材

1）在"项目"窗口中将素材"音效.wma"拖到时间线的底层，展开图层属性显示出音频波纹，对音乐进行测试，观察音乐旋律的转折点所处的波形位置，在时间线右侧拖动标记按钮到转折处，为时间线添加标记，再为其他转折处添加标记，如图11-11所示。

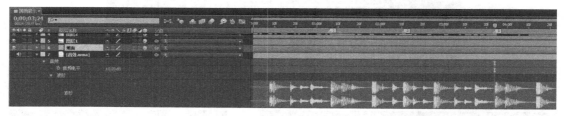

图11-11　在时间线添加标记

2）展开摄像机图层属性，在摄像机选项下，设置景深为"开"，启动景深功能，调整焦距数值，在"顶部"视图会观察到焦距框线位置贴近最前面第1张图片，如图11-12所示。

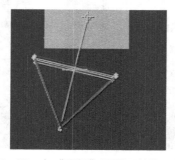

图11-12　在"顶部"视图调整焦距数值

3）切换回到"活动摄像机"视图，在图层属性中调整"光圈"和"模糊层次"数值，使得处于后面的图片模糊，如图11-13所示。

图11-13　设置光圈和模糊参数调整模糊效果

4）移动指针到"00:00:00:00"帧处，启动摄像机的目标点、位置和焦距关键帧。

5）将时间线指针移动到第1个音乐转折标记点处，单击"工具"面板中的"统一摄像机工具"，分别按住鼠标的左、中、右键进行拖动，调整摄像机的位置，使得第2张图片处于最大化显示。在图层属性中调整焦距数值，在"顶部"视图观察，使得焦距框线位置贴近第2张图片，如图11-14所示，使得第2张图片画面清晰，如图11-15所示。调整后的时间线，如图11-16所示。

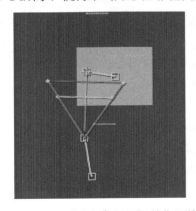

图11-14　在"顶部"视图调整焦距数值　　　　图11-15　调整后的视觉效果

图11-16　调整后的时间线上关键帧设置

6）将时间线指针移动到第2个音乐转折标记点处，单击"工具"面板中的"统一摄像机工具" ，分别按住鼠标的左、中、右键进行拖动，调整摄像机的位置，使得第3张图片处于最大化显示。在图层属性中调整焦距数值，在顶部视图观察，使得焦距框线位置贴近第3张图片，如图11-17所示，使得第3张图片画面清晰，如图11-18所示。调整后的时间线，如图11-19所示。

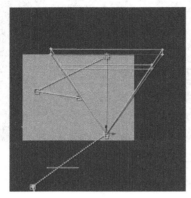

图11-17　在顶部视图调整焦距数值

图11-18　调整后的视觉效果

图11-19　调整后的时间线上关键帧设置

7）将时间线指针移动到第3个音乐转折标记点处，单击"工具"面板中的"统一摄像机工具" ，分别按住鼠标的左、中、右键进行拖动，调整摄像机的位置，使得第4张图片处于最大化显示。在图层属性中调整焦距数值，在顶部视图观察，使得焦距框线位置贴近第4张图片，如图11-20所示，使得第4张图片画面清晰，如图11-21所示。调整后的时间线，如图11-22所示。

8）动画制作完成，预览效果，会发现摄像机随着音乐匀速移动到不同的图片上，景深也在同步发生变化。这样的动画节奏感不是很好。可以在转折点附近添加摄像机的"位置"关键帧，调整画面的位置，让画面的移动速度时快时慢，富有节奏感，如图11-23所示。

（6）渲染输出

若对预览效果感到满意时，可以执行"合成"→"添加到渲染队列"命令，在"渲染队列"面板中单击"输出到："右侧的文件名，在弹出的"将影片输出到："对话框中设置影片名称和保存位置，单击"保存"按钮；单击左下角"输出模块"右侧的"无损"按钮，在弹出的"输出模块设置"对话框中单击"格式"右侧的下拉按钮，设置视频的输出格式为FLV格式，单击"确定"按钮退出对话框，单击"渲染"按钮进行渲染。

（7）保存项目文件

执行"文件"→"整理工程（文件）"→"收集文件"命令，完成项目文件的保存工作。

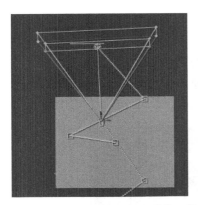

图11-20 在"顶部"视图调整焦距数值   图11-21 调整后的视觉效果

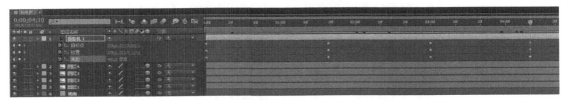

图11-22 调整后时间线上关键帧的设置

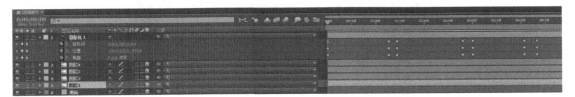

图11-23 在时间线上添加"位置"关键帧

 **》 项目拓展**

《空间文字》——摄像机动画应用

本项目通过制作摄像机动画营造出镜头运动的画面，实现三维空间中的视觉效果，其制作效果，如图11-24所示。

图11-24 《空间文字》制作效果

制作步骤如下。

（1）新建合成

启动AE CC软件后，创建一个"预设"为PAL/DV的合成，"合成名称"为"空间文字"，合成的尺寸设置为"720像素×576像素"，"像素长宽比"为"方形像素"，"帧频率"为"25帧/秒"，"持续时间"为5s，如图11-25所示。

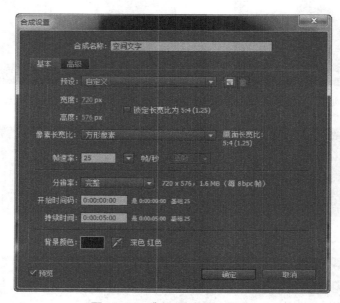

图11-25 "合成设置"对话框

（2）添加文字图层

1）选择"工具"面板中的"文本工具"，在"合成"窗口中输入文字"AFTER EFFECTS"。在"字符"面板中设置文字的颜色为"白色"。其他参数设置，如图11-26所示。并用"工具"面板中"轴心点工具"将文字的中心点移到文字中心处，如图11-27所示。

2）选中"AFTER EFFECTS"层，按3次<Ctrl+D>组合键，复制出3个文字层。

（3）设置文字图层参数

1）选中所有文字图层，开启三维模式按钮，开启三维模式时，可以直接单击"三维开关"按钮，如图11-28所示。

图11-26 "字符"面板参数设置

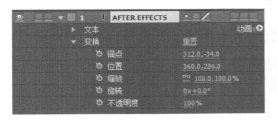

图11-27　字符中心点设置

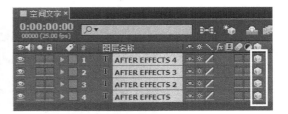

图11-28　开启三维图层模式

2）在"合成"窗口中设置视图个数为4个，并将监视窗口右下角的视图设置为"用户自定义视图"，效果如图11-29所示。

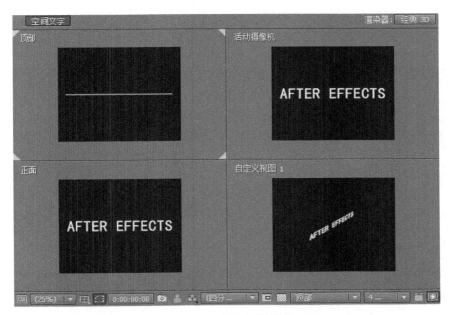

图11-29　设置视图模式

3）选中"AFTER EFFECTS"层，展开"变换"属性，或按<R>键激活图层的旋转参数，将"Y轴旋转"参数设置为90，按<P>键激活图层的位置参数，将其第1项X轴参数设置为660，如图11-30所示。调整后合成画面，如图11-31所示。

4）选中"AFTER EFFECTS2"层，展开"变换"属性，或按<R>键激活图层的旋转参数，将"Y轴旋转"参数设置为-90，按<P>键激活图层的位置参数，将其第1项X轴参数设置为30，如图11-32所示。调整后合成画面，如图11-33所示。

5）选中"AFTER EFFECTS3"层，展开"变换"属性，或按<P>键激活图层的位置参数，将其第3项Z轴参数设置为600，如图11-34所示。调整后合成画面，如图11-35所示。

6）选中"AFTER EFFECTS4"层，展开"变换"属性，或按<R>键激活图层的旋转参数，将"Y轴旋转"参数设置为180，按<P>键激活图层的位置参数，将其第3项Z轴参数设置为-300，如图11-36所示。调整后合成画面，如图11-37所示。

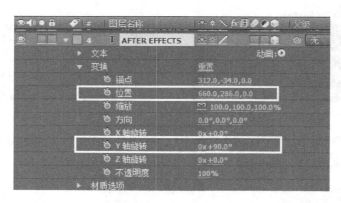

图11-30　调整"AFTER EFFECTS"层参数

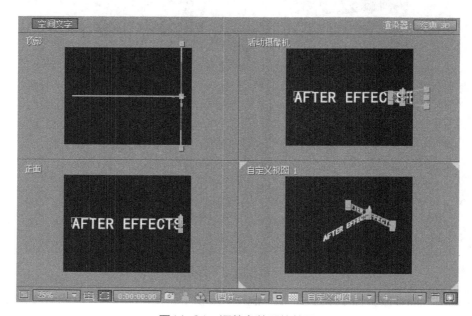

图11-31　调整参数后的效果

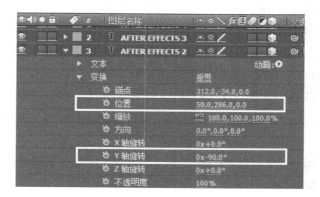

图11-32　调整"AFTER EFFECTS2"层参数

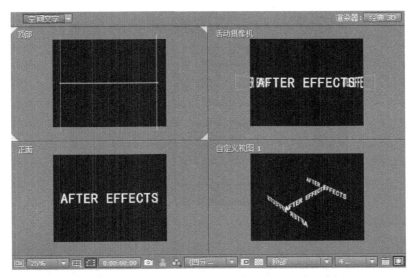

图11-33　调整参数后的效果

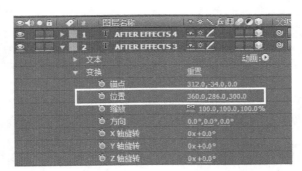

图11-34　调整"AFTER EFFECTS3"层参数

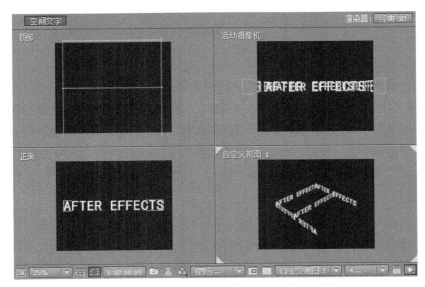

图11-35　调整参数后的效果

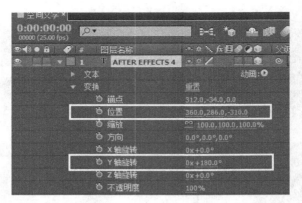

图11-36　调整"AFTER EFFECTS4"层参数

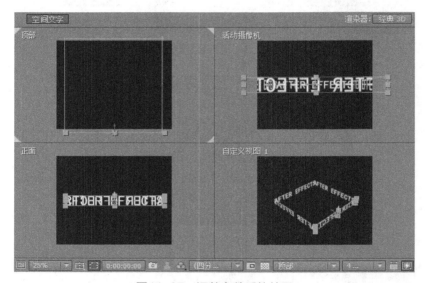

图11-37　调整参数后的效果

（4）添加纯色层

1）在时间线上的空白处单击，在弹出的菜单中选择"新建"→"纯色"命令，在弹出的"纯色设置"对话框中设置"名称"为"背景"，"大小"为"3000像素×3000像素"，"颜色"为"白色"，如图11-38所示。单击"确定"按钮，建立一个白色纯色层作为背景。

2）选中"背景"层，执行"效果"→"生成"→"梯度渐变"命令，为图层添加特效，并设置"起始色"为白色，"结束色"为"黑色"，其他参数设置，如图11-39所示。添加特效后效果，如图11-40所示。

3）用鼠标选中"背景"图层，开启三维模式按钮，开启三维模式时，可以直接单击"三维开关"按钮。在时间线上将其移动到最底层，并展开"变换"属性，或按<R>键激活图层的旋转参数，将"X轴旋转"参数设置为90，按<P>键激活图层的位置参数，将其第1项X轴参数设置为300，如图11-41所示。调整后合成画面，如图11-42所示。

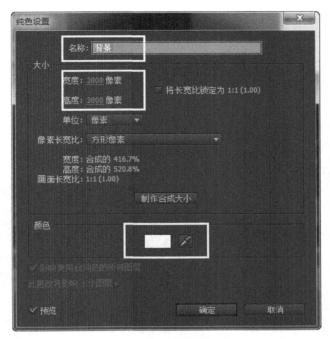

图11-38 新建纯色层

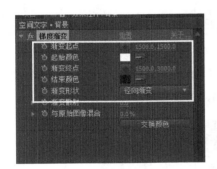

图11-39 "梯度渐变"特效面板设置

图11-40 添加特效后的效果

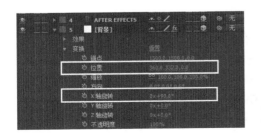

图11-41 调整"背景"层参数

图11-42 调整参数后的效果

（5）添加灯光图层

1）执行"图层"→"新建"→"灯光"命令，在弹出的"灯光设置"对话框中，设置"灯光类型"为"环境"，"强度"为100%，灯光"颜色"为"黄色（R：252，G：255，B：0）"，参数设置，如图11-43所示。添加"环境"光后的效果，如图11-44所示。

图11-43　"灯光设置"对话框　　　　　　　图11-44　添加"环境"光后的效果

2）选中"AFTER EFFECTS"层，展开"材质选项"属性，设置"投影"选项的值为"开"，打开投影开关。其他文字图层也做同样的设置，如图11-45所示。

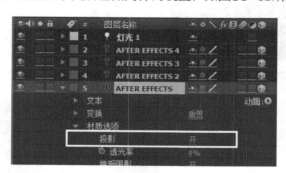

图11-45　打开"阴影"开关

3）执行"图层"→"新建"→"灯光"命令，在弹出的"灯光设置"对话框中，设置"灯光类型"为"点"，"强度"为100%，灯光"颜色"为"黄色（R：252，G：255，B：0）"，参数设置，如图11-46所示。

4）选中"灯光2"层，展开"变换"属性，或按<P>键激活图层的位置参数，设置"位置"数值为（277.2，202.0，-266.7），展开"灯光选项"属性，设置"投影"选项的值为"开"，打开投影开关，如图11-47所示。调整参数后的效果如图11-48所示。

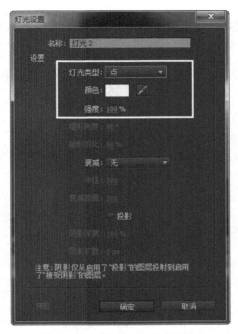

图11-46 "灯光设置"对话框

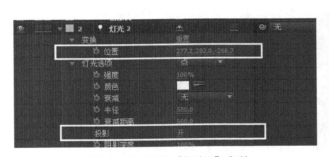

图11-47 设置"灯光2"参数

图11-48 调整参数后的效果

（6）添加摄像机图层

执行"图层"→"新建"→"摄像机"命令，建立摄像机图层，在"摄像机设置"对话框调整摄像机参数，如图11-49所示。

（7）制作摄像机动画

1）选中摄像机图层，将时间指针移到"00:00:00:00"帧处，展开摄像机图层的变换属性，启动"目标点"和"位置"关键帧，调整"目标点"的数值为（290.8，696.1，437.5），调整"位置"的数值为（886.4，-49.2，13.0），如图11-50所示。

2）将时间指针移到"00:00:02:14"帧处，调整"目标点"的数值为（363.0，320.3，-490.9），调整"位置"的数值为（608.9，-213.0，394.8），如图11-51所示。

3）将时间指针移到"00:00:04:01"帧处，调整"目标点"的数值为（380.8，242.5，-651.9），调整"位置"的数值为（648.9，75.7，362.1），如图11-52所示。

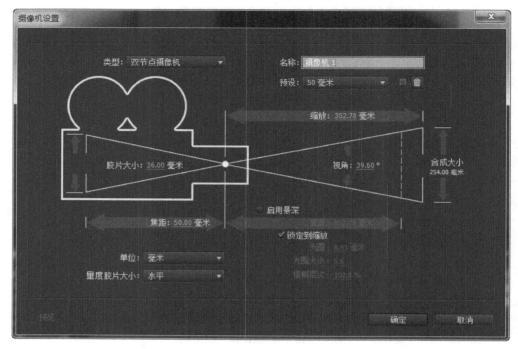

图11-49　摄像机的相关设置

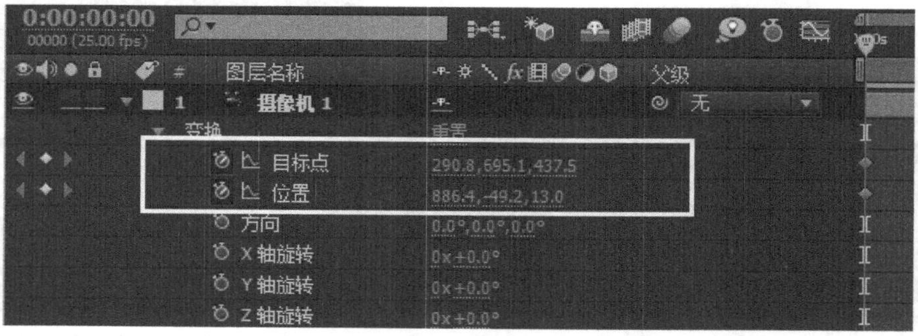

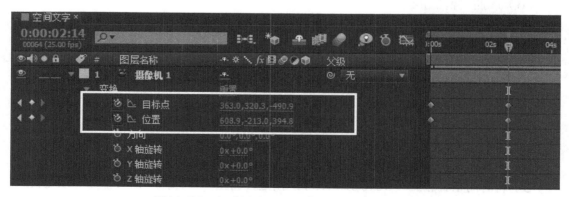

图11-50　为摄像机参数设置关键帧

图11-51　在"00:00:02:14"帧调整摄像机参数

图11-52　在"00:00:04:01"帧调整摄像机参数

（8）预览效果

关键帧设置完成后，单击"预览"面板中的"播放" ▶ 按钮，进行效果预览。

（9）渲染输出

若对效果感到满意时，可以执行"合成"→"添加到渲染队列"命令，在"渲染队列"面板中单击"输出到："右侧的文件名，在弹出的"将影片输出到："对话框中设置影片名称和保存位置，单击"保存"按钮；单击左下角"输出模块："右侧的"无损"按钮，在弹出的"输出模块设置"对话框中单击"格式"右侧的下拉按钮，设置视频的输出格式为FLV格式，单击"确定"按钮退出对话框，单击"渲染"按钮进行渲染。

（10）保存项目文件

执行"文件"→"整理工程（文件）"→"收集文件"命令，完成项目文件的保存工作。

项目12　三维灯光应用

▶ 学习目标

1）掌握灯光的添加方法。

2）掌握灯光的参数设置方法。

3）能利用灯光设置烘托画面。

▶ 知识准备

1. 建立灯光的方法

执行"图层"→"新建"→"灯光"命令，在弹出的对话框中，可以设置照明的类型、颜色、强度、锥形角度、是否投影等，如图12-1所示。单击"确定"按钮即可在场景中建立灯光。

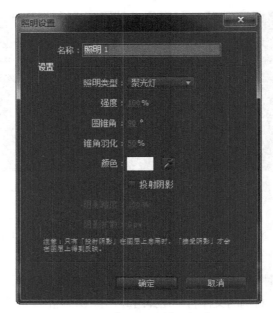

图12-1 "照明设置"对话框

2．三维环境中的几种常用灯光类型

1）平行：平行光，从一个点发射一束光线照向目标点。

2）聚光：聚光灯，从一个点向前方以圆锥形发射光线。

3）点：点光源，从一个点向四周发射光线

4）环境：环境光，没有光线发射点。

3．灯光参数

灯光类型不同，参数也不同。

1）强度：数值越大，场景越亮。

2）锥形角度：当灯光为聚光灯时，该参数激活。角度越大，光照范围越广。

3）锥形羽化：该参数仅对聚光灯有效，可以为聚光灯照射区域设置一个柔和边缘。该数值为0时，光圈边缘界限分明，比较僵硬。数值越大则边缘越柔和，由受光面向暗面过渡柔和。

4）颜色：灯光颜色。

5）投影：赋予投影。选择该选项，灯光会在场景中产生投影。需要注意的是，打开灯光的投影属性后，还需要在层的"材质选项"属性中对其投影参数进行设置。

6）阴影深度：该选项控制投影的颜色深度。当数值较小时，产生颜色较浅的投影。较大的数值产生颜色较深的投影。

7）阴影扩散：该选项可以根据层与层之间的距离产生柔和的漫反射投影。较低的值产生的投影边缘僵硬，较高的值产生的投影边缘较软。

4．层的材质属性

当用户在场景中设置灯光后，场景中的层如何接受灯光照明，如何进行投影将由层的材质属性控制。合成中的每一个3D层都具有其材质属性。在时间线中展开3D层的材质选项，如图12-2所示。

图12-2　层的材质选项

1）投影：该选项决定了当前层是否产生投影。关闭该选项（关），则当前层不产生投影。

2）接受阴影：该选项决定当前层是否接受投影。

3）接受灯光：该选项决定当前层是否接受场景中的灯光影响。

4）环境：该选项控制当前层受环境光的影响程度。该程度为100%时，受环境光的影响；为0时则不受环境光的影响。

5）漫射：该参数控制层接受灯光的发射级别，决定层的表面将有多少光线覆盖。参数越高，则接受灯光的发射级别越高，对象显得越亮。

6）镜面强度：该参数控制对象的镜面反射级别，当灯光照射到镜面上时，镜子会产生一个高光点。镜子越光，高光点越明显。数值越大，反射级别越高。

7）镜面反光度：该参数控制高光点的大小光泽度。该参数仅当Specular不为0时有效。数值越高，则高光越集中。数值越小，高光范围越大。

8）金属质感：该参数体现对象的金属质感。数值越高，质感越强。

 **项目实施**

《摩托秀》——三维灯光应用

本项目通过添加三维灯光系统，通过参数设置制作不同的灯光控制效果。项目制作效果，如图12-3所示。

图12-3　《摩托秀》制作效果

制作步骤如下。

（1）创建合成

启动AE CC软件后，创建一个"预设"为PAL/DV的合成，"合成名称"为"摩托秀"，合成的尺寸设置为"720像素×576像素"，"像素长宽比"为"方形像素"，"帧频率"为"25帧/秒"，"持续时间"为5s，如图12-4所示。

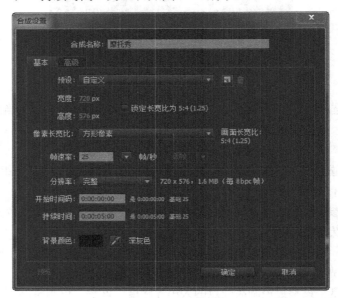

图12-4 "摩托秀"的"合成设置"对话框

（2）导入素材

在"项目"窗口中双击，在弹出的"导入文件"对话框中，选择要导入的素材"背景.jpg"和"摩托车.jpg"，然后单击"打开"按钮，即可导入素材，并将素材添加到"时间线"窗口中，调整图层排列顺序，摩托车在上层。

（3）建立纯色图层

1）在时间线上的空白处单击，在弹出的菜单中，执行"新建"→"纯色"命令，在弹出的"纯色设置"对话框中设置"名称"为"地面"，"大小"为1024像素×576像素，颜色为深灰色，如图12-5所示。单击"确定"按钮，建立一个深灰色纯色层作为地面。

2）将时间线的3个图层分别转换为3D图层，选中"地面"层，拖至最下层。展开图层属性，设置"X轴旋转"为90，变为水平地面。设置"缩放"数值为300%，让地面变得更大些。将"合成"窗口设置为顶部视图，调整背景和摩托车的前后位置，摩托车在背景的前方。将"合成"窗口设置为正面视图，调整背景和摩托车的高度，使其落在地面上。

（4）添加摄像机图层

执行"图层"→"新建"→"摄像机"命令，建立摄像机图层。将摄像机命名为"摄像机1"，将"合成"窗口设为摄像机1视图，单击"工具"面板中的"统一摄像机工具" 按钮，调整摄像机视图的角度，效果如图12-6所示。

（5）添加灯光图层

执行"图层"→"新建"→"灯光"命令，在弹出的"灯光设置"对话框中，设置"灯光类型"为"聚光灯","强度"为134%,"锥形角度"为120,"锥形羽化"为50%,灯光"颜色"为"白色",勾选"投影"复选框,"阴影深度"为73%,"阴影扩散"为49px,如图12-7所示。单击"确定"按钮,即可在场景中建立灯光。

图12-5 "纯色设置"对话框

图12-6 调整摄像机视角

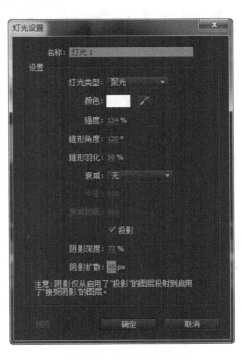

图12-7 灯光参数设置

(6)在时间线上编辑素材

1)将"合成"窗口设置为左侧视图,调整灯光的位置,如图12-8所示。

2）将"合成"窗口设置为"正面"视图，调整灯光的位置，如图12-9所示。

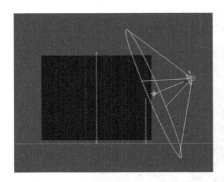

图12-8　左侧视图中的灯光位置　　　　　　图12-9　正面视图中的灯光位置

3）在时间线上展开"摩托车"图层和"背景"图层的"材质选项"属性，将"投影"参数设置为"开"，此时将会看到这两个图层在地面的投影，如图12-10所示。

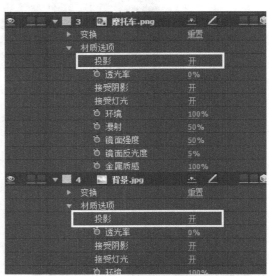

图12-10　设置灯光的材质选项

4）展开摄像机图层的变换属性，将指针移到"00:00:00:00"帧处，启动"目标点"和"位置"关键帧。将"合成"窗口切换到"摄像机1视图"，单击"工具"面板中的"统一摄像机工具"按钮，将镜头拉远，如图12-11所示。

5）不断后移时间线指针，调整镜头逐渐向前推进，并摇动到展台的左侧，如图12-12所示，这样就制作了镜头不断推进摇动的摄像机动画。

6）动画制作完成，预览效果。单击"预览"面板中的"播放"按钮进行预览。

（7）渲染输出

若对预览效果感到满意时，可以执行"合成"→"添加到渲染队列"命令，在"渲染队列"面板中单击"输出到："右侧的文件名，在弹出的"将影片输出到："对话框中设置影片名称和保存位置，单击"保存"按钮；单击左下角"输出模块："右侧的"无损"按钮，在弹出的"输出模块设置"对话框中单击"格式"右侧的下拉按钮，设置视频的输出格式为FLV格式，单击"确定"按钮退出对话框，单击"渲染"按钮进行渲染。

（8）保存项目文件

执行"文件"→"整理工程（文件）"→"收集文件"命令，完成项目文件的保存工作。

图12-11　制作摄像机位置动画

图12-12　摄像机动画的结束位置

≫ 项目拓展

《金光大道》——三维灯光应用

本项目通过对摄像机属性设置控制摄像机位置，为摄像机制作动画，营造出镜头运动的画面效果，为了增强画面的表现力，本项目使用灯光效果增加画面层次感，用发光特效制作出流光效果，其制作效果，如图12-13所示

图12-13　《金光大道》效果图

制作步骤如下。

（1）新建合成

启动AE　CC软件后，创建一个"预设"为PAL/DV的合成，"合成名称"为"金光大道"，合成的尺寸设置为"360像素×288像素"，"像素长宽比"为"方形像素"，"帧频率"为"25帧/秒"，"持续时间"为5s，如图12-14所示。

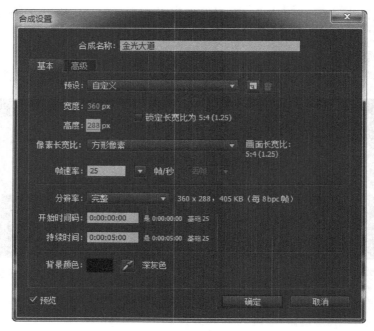

图12-14　设置合成参数

（2）导入素材

在"项目"窗口中双击，在弹出的"导入文件"对话框中，选择要导入的素材"大道.jpg"，然后单击"打开"按钮，即可导入素材，并将素材添加到"时间线"面板中。

（3）开启三维图层

选中该图层，开启三维模式按钮，开启三维模式时，可以直接单击"三维开关"按钮◉，如图12-15所示。

图12-15　"时间线"窗口中的"大道"层

（4）添加摄像机图层

执行"图层"→"新建"→"摄像机"命令，建立摄像机图层，在"摄像机设置"对话框中调整摄像机参数，如图12-16所示。

（5）在时间线上编辑素材

1）将时间指针移到"00:00:00:00"帧处，展开摄像机图层的变换属性，启动"目标点"和"位置"关键帧，调整"目标点"的数值为（176，177，0），调整"位置"的数值为（176，502，-146），如图12-17所示。

2）将时间指针移到"00:00:05:00"帧处，展开摄像机图层的变换属性，调整"目标点"的数值为（176，-189，0），调整"位置"的数值为（176，250，-146），如图12-18所示。

— 136 —

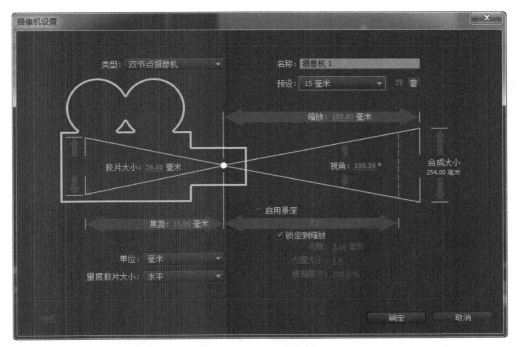

图12-16　摄像机的相关设置

图12-17　为摄像机参数设置关键帧

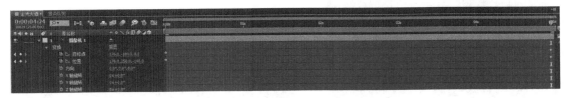

图12-18　在结尾帧处调整摄像机参数

3）拖动时间线上的位置标尺，预览页面。由于摄像机的作用，图像产生推近的效果，如图12-19所示。

（6）添加灯光图层

1）执行"图层"→"新建"→"灯光"命令，在弹出的"灯光设置"对话框中，设置"灯光类型"为"点"，"强度"为120%，灯光"颜色"为"白色"，参数设置如图12-20所示。

2）在"时间线"窗口中展开灯光属性，设置"位置"数值为（180，58，-242），如图12-21所示。

3）此时从"合成"窗口中可以看到添加灯光后的图像效果已经产生了很好的层次感，"合成"窗口的效果，如图12-22所示。

（7）添加光特效

1）执行"合成"→"新建合成"命令，打开"合成设置"对话框，设置"合成名称"为"光特效"，合成的尺寸设置为"360像素×288像素"，"像素长宽比"为"方形像素"，"帧频率"为"25帧/秒"，"持续时间"为5s，如图12-23所示。

图12-19 "合成"窗口中镜头推近的效果

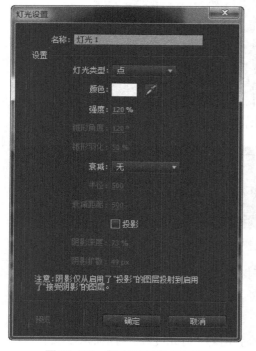

图12-20 "灯光设置"对话框

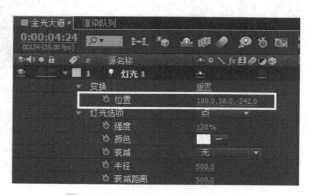

图12-21 设置灯光"位置"参数

图12-22 调整灯光参数后合成图像效果

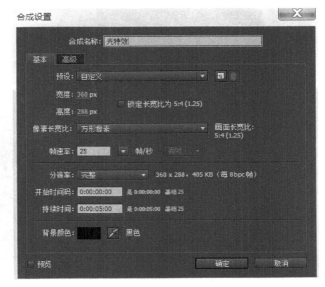

图12-23 "光特效"合成的相关设置

2）在窗口中选择"金光大道"合成，将其添加到"光特效"的"时间线"窗口中，如图12-24所示。

3）在特效面板中展开Trapcode特效前的三角，双击发光特效命令Shine，如图12-25所示，将特效应用给"金光大道"层。

图12-24 "光特效"的时间线面板

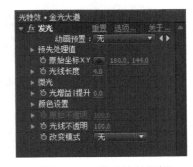

图12-25 发光特效面板

4）在特效控制面板中设置发光特效的参数。设置"光线长度"值为6，"光增益|提升"值为2。展开"颜色设置"的参数："高光"为"白色"，"中间光"为"浅绿色（R：136，G：255，B：135）"，"暗光"为"深绿色（R：0，G：114，B：0）"。设置"改变模式"为"加"。设置"原始坐标XY"值为：176，265，并为该项设置关键帧，如图12-26所示。此时从"合成"窗口中可以看到添加发光效后的效果，如图12-27所示。

5）将时间指针移到"00:00:05:00"帧处，在发光特效面板中，修改"原始坐标XY"的值为：176，179，此时"合成"窗口中的效果，如图12-28所示。

（8）预览效果

关键帧设置完成后，单击"预览"面板中的"播放"▶按钮，进行效果预览，"合成"窗口中效果，如图12-29所示。

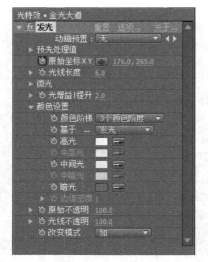

图12-26　发光特效设置参数

图12-27　添加发光特效后的效果

图12-28　修改原始坐标参数后的合成效果

图12-29　金光大道最终效果

（9）渲染输出

若对效果感到满意时，可以执行"合成"→"添加到渲染队列"命令，在"渲染队列"面板中单击"输出到："右侧的文件名，在弹出的"将影片输出到："对话框中设置影片名称和保存位置，单击"保存"按钮；单击左下角"输出模块："右侧的"无损"按钮，在弹出的"输出模块设置"对话框中单击"格式"右侧的下拉按钮，设置视频的输出格式为FLV格式，单击"确定"按钮退出对话框，单击"渲染"按钮进行渲染。

（10）保存项目文件

执行"文件"→"整理工程（文件）"→"收集文件"命令，完成项目文件的保存工作。

第5单元　抠像及调色

项目13　键控特效

▶ 学习目标

1）掌握抠像技术的意义及作用。
2）掌握不同抠像技术的特点及设置方法。
3）依据素材的特点选择适当的抠像方法实现素材的叠加、透明合成效果。

▶ 知识准备

1. 抠像

在影视合成中，会看到演员在云层、悬崖等环境中进行表演，事实上这些镜头很多都是在摄影棚中的蓝色背景或绿色背景中拍摄后再合成到其他背景中的，这就是"抠像"，抠像就是将图层中的某些区域变成透明或半透明，再叠加到背景上，实现这一效果是利用了AE CC的键控特效技术。

2. 颜色键

"颜色键"特效是通过指定一种颜色，将图像中的所有与其近似的像素去除。"颜色键"特效是一种最基本的抠像特效，当背景比较复杂时，使用"颜色键"抠像效果不是特别好。"颜色键"参数设置，如图13-1所示。

图13-1　"颜色键"特效参数

1）主色：指定需要透明的颜色。
2）颜色容差：控制与键出颜色的容差度。数值越大，则更多的相近的颜色变得透明。
3）簿化边缘：控制键出区域边界的调整。正值表示边界在透明区域之外，即扩大了透明区域，负值表示减少透明区域。
4）羽化边缘：控制键出区域边界的羽化程度。

3. 溢出抑制

由于背景颜色的反射，键出图像的边缘通常都有背景色溢出，用溢出控制功能消除图像边缘残留的颜色。如果该效果不明显，可以用调色工具（如Hue/Saturation等）来降低某种颜色的饱和度。"溢出抑制"特效参数设置，如图13-2所示。

图13-2　"溢出抑制"特效参数设置

1）要抑制的颜色：指定要抑制的颜色。

2）抑制：设置被抑制的颜色程度，取值范围为0~200。

4. 颜色差值键

通过两个不同的颜色对图像进行键控，从而使一个图像具有两个透明区域。蒙版A使得指定键控色之外的其他颜色区域透明，蒙版B使得指定的键控颜色区域透明。将两个蒙版透明区域进行组合得到第三个蒙版透明区域，这个新的透明区域就是最终的Alpha通道。"颜色差值键"特效参数设置，如图13-3所示。

图13-3　"颜色差值键"特效设置

1）🖊️：从原始略图中吸取键出色。

2）🖊️：从蒙版略图中单击透明区域，透明该区域。

3）🖊️：从蒙版略图中单击不透明区域，不透明该区域。

4）视图：指定在"合成"窗口中的显示视图。可显示蒙版或显示键出效果。

5）主色：选择键控色。使用"吸管工具"吸取颜色时，可以看到旁边的颜色块中更新显示"吸管工具"指向的颜色。

6）颜色匹配准确度：指定用于键控匹配颜色的类型。

7）A/B部分：通过滑块对蒙版透明度进行精细调整。黑色滑块可以调节每个蒙版的透明度；白色滑块调节每一个蒙版的不透明度；灰度系数滑块控制透明度值与线性级数的密切程度，值为1时，级数是线性的，其他值产生非线性级数。

5. Keylight（1.2）

Keylight（1.2）的抠像功能最为强大，在处理反射、半透明面积和毛发方面功能非常强大，而且还可以进行调色，keylight（1.2）特效参数设置，如图13-4所示。

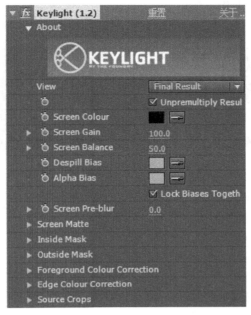

图13-4　"Keylight（1.2）"特效设置

1）View：视图，设置图像在"合成"窗口中的显示方式。它提供了11种显示方式。

2）Unpremultiply Result：非预乘结果，当勾选该复选框时，设置图像为不带Alpha通道显示，反之，为带Alpha通道显示效果。

3）Screen Colour：屏幕颜色，设置需要抠除的颜色。一般在原图像中用"吸管工具"直接选取颜色。

4）Screen Gain：屏幕增益，设置屏幕抠除效果的强弱程度，数值越大，抠除程度越强。

5）Screen Balance：屏幕平衡，设置抠除颜色的平衡程度。数值越大，平衡效果越明显。

6）Despill Bias：反溢出偏差，恢复过多抠除区域的颜色。

7）Alpha Bias：Alpha偏差，恢复过多抠除Alpha部分的颜色。

8）Lock Biases Together：同时锁定偏差，在抠除时设定偏差值。

9）Screen Pre-blur：屏幕预模糊，设置抠除部分边缘的模糊效果。数值越大，模糊效果越明显。

10）Screen Matte：屏幕蒙版，设置抠除区域影像的属性参数。

11）Inside Mask：内侧遮罩，为图像添加并设置抠像内侧的遮罩属性。

12）Outside Matte：外侧遮罩，为图像添加并设置抠像外侧的遮罩属性。该选项与内侧遮罩类似。

13）Foreground Colour Correction：前景色校正，设置蒙版影像的色彩属性。

14）Edge Colour Correction：边缘色校正，主要对抠像边缘进行设置。

15）Source Crops：源裁剪，设置裁剪影像的属性类型以及参数。

6. 亮度键

该特效键出与指定明度相似的区域，使其透明。该效果适用于对比度比较强的图像，"亮度键"特效参数设置，如图13-5所示。

图13-5 "亮度键"特效参数设置

1）键控类型：键出与指定亮度相近的像素，有4种键出方式：

① 抠出较亮区域：键出的值大于阈值，把较亮的部分变为透明。

② 抠出较暗区域：键出的值小于阈值，把较暗的部分变为透明。

③ 抠出亮度相似的区域：键出阈值附近的亮度。

④ 抠出亮度不同的区域：键出阈值范围之外的亮度。

2）阈值：指出键出的亮度值。

3）容差：指出键出亮度的宽容度。

4）薄化边缘：控制键出区域边界的调整。

5）羽化边缘：控制键出区域边界的羽化度。

7. 差值遮罩

"差值遮罩"是通过一个对比层与源层进行比较，然后将源层中位置及颜色与对比层中相同的像素键出。"差值遮罩"特效设置参数，如图13-6所示。

图13-6 "差值遮罩"特效设置参数

1）视图：指定在"合成"窗口中的显示视图。

2）差值图层：选择对比层，即用于键控比较的静止背景。

3）如果图层大小不同：如果对比层的尺寸与当前层不同，则对其进行相应处理，可使其居中显示或进行拉伸处理。

4）匹配容差：控制透明颜色的容差度，较高的数值产生透明较多。

5）匹配柔和度：用于调节透明区域和不透明区域的柔和度。

6）差值前模糊：通过对比对两个层做细微的模糊，清除图像中的杂点，取值范围为0～1000。

8. 线性颜色键

通过指定RGB、色相或色度的信息对像素进行键出，也可以使用"线性颜色键"保留前边使用键控变为透明的颜色。例如，键出背景时，对象身上与背景相似的颜色也将被键出，可以应用线性颜色效果，返回对象身上被键出的相似颜色，"线性颜色键"特效参数设置，如图13-7所示。

1）![icon]：从略图中吸取键控色。

2）![icon]：增加键控颜色范围。

3）![icon]：减少键控颜色范围。

4）视图：指定在"合成"窗口中的显示视图。

5）主色：选择键控色。

6）匹配颜色：指定键控色的颜色空间。"使用RGB"是以红、绿、蓝为基准的键控色；"使用色相"是基于对象发射或反射的颜色为键控色，以标准色轮的位置进行计量；"使用色度"是基于颜色的色调和饱和度。

7）匹配容差：控制透明颜色的容差度，较高的数值产生透明较多。

8）匹配柔和度：用于调节透明区域和不透明区域的柔和度。

9）主要操作：指定键控色是键出还是保留。

9. 提取

"提取"是指定一个亮度范围产生透明，键出图像中所有与指定的键出亮度相近的像素。该特效主要用于键出背景与保留对象明暗对比度强烈的素材。"提取"特效参数设置，如图13-8所示。

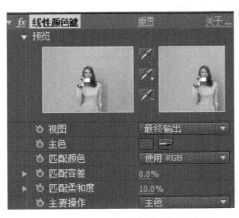

图13-7 "线性颜色键"特效设置

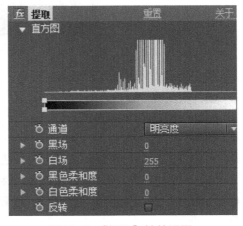

图13-8 "提取"特效设置

1）直方图：显示层中亮度分布级别以及在每个级别上的像素量。从左至右为图像从最暗到最亮的状态。拖动直方图下方灰色透明控制器，可调节键出像素的范围，被灰色覆盖区域不透明，其他地方透明。

2）通道：用于选择柱状图基于何种通道。

3）黑场：拖动滑块、可以加大或缩小透明范围，使小于黑色点的像素透明。也可拖动透明控制器左上角句柄进行控制。

4）白场：拖动滑块、可以加大或缩小透明范围，使大于白色点的像素透明。也可拖动透明控制器右上角句柄进行控制。

5）黑色柔和度：用于调节暗色区域柔和度。也可拖动透明控制器左下角句柄进行控制。

6）白色柔和度：用于调节亮色区域柔和度。也可拖动透明控制器右下角句柄进行控制。

7）反转：反转透明区域。

10. 颜色范围

颜色范围通过对RGB、YUV、Lab等不同颜色空间中键出指定的颜色范围，从而使图像具有一个透明区域。通常用于前景与背景的颜色分量相差较大且背景颜色不单一的图像。"颜色范围"特效参数设置，如图13-9所示。

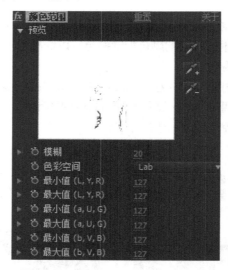

图13-9 "颜色范围"特效参数设置

1）■: 从蒙版略图中吸取键出色。

2）■: 增加键控颜色范围。

3）■: 减少键控颜色范围。

4）模糊：对边界进行柔和模糊。

5）色彩空间：指定键控颜色范围的颜色空间。RGB用于红、绿、蓝通道；YUV为分量信号，包括一个亮度信号和两个色差信号；Lab用于亮度复合、绿-红轴和蓝-黄轴。

6）Min/Max：对颜色范围的开始和结束进行精细调整。L、Y、R滑块控制指定颜色空间的第一个分量；a、U、G滑块控制指定颜色空间的第二个分量；b、V、B滑块控制指定颜色空间的第三个分量。拖动Min滑块对颜色范围的开始部分进行精细调整。拖动Max滑块对颜色范围的结束部分进行精细调整。

 **项目实施**

《抠像技术》——键控特效应用

通过《抠像技术》项目的制作，针对不同形式的素材，采用不同的抠像技术，帮助读者逐步掌握AE CC的抠像合成方法。项目完成后的效果，如图13-10所示。

图13-10 《抠像技术》的制作效果

（1）应用"颜色键"与"溢出抑制"键控特效

1）新建合成：启动AE CC软件，执行"合成"→"新建合成"命令，在打开的"合成设置"对话框中，将"合成名称"命名为"颜色键与溢出抑制"，"预设"为"PAL D1/DV"，"像素长宽比"为"方形像素"，"持续时间"为10s，单击"确定"按钮，如图13-11所示。

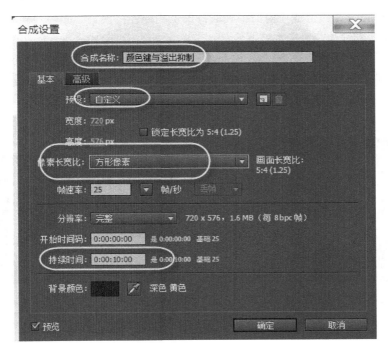

图13-11 "合成设置"对话框

2）导入素材：执行"文件"→"导入"→"文件"命令，在"导入文件"对话框中选定"颜色键"文件夹中的素材"背景视频.wmv"和"魔术表演.mov"，单击"确定"按钮。

3）将"背景视频.wmv"拖曳到时间线上，将"魔术表演.mov"素材拖曳到"背景视频.wmv"的上方，展开"魔术表演.mov"图层的"变换"属性，设定"位置"参数为（366，336），使得两个图像的底端对齐，如图13-12所示。

4）在"时间线"窗口中，选定"背景视频.wmv"图层，将时间指针移到第4s 16帧处，按<Alt+]>组合键，进行剪断，使得两个图层的时长相同。

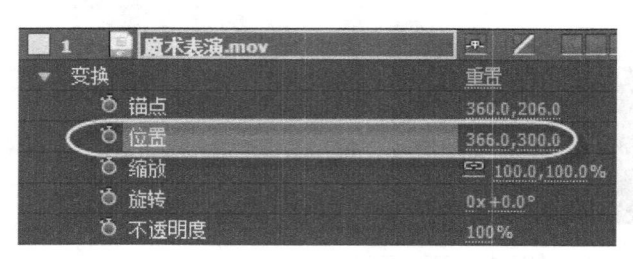

图13-12　设置"魔术表演.mov"的位置

5）由于"魔术表演.mov"图像在"合成"窗口中左、右边都有一条黑边，应该先裁剪，因为AE CC中没有裁剪功能，这里使用蒙版来处理。选定"魔术表演.mov"图层，单击工具面板中的"矩形工具"，在"魔术表演.mov"图像上拖曳出一个不含黑边的蒙版，如图13-13所示。

6）选中"魔术表演.mov"图层，执行"效果"→"键控"→"颜色键"命令，在效果控件面板中，用吸管在"合成"窗口中吸取背景上的绿色，设置"颜色容差"为70，"羽化边缘"为1，可看到绿色背景基本被抠除。

执行"效果"→"键控"→"溢出抑制"命令，在效果控件面板中，单击"要抑制的颜色"的吸管，到"颜色键"特效中"主色"后面的颜色上进行吸附，这样使得溢出抑制的颜色与"颜色键"特效抠除的颜色一致，实现抠像效果。"颜色键"与"溢出抑制"特效设置，如图13-14所示。

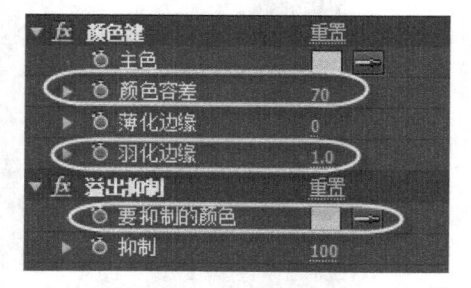

图13-13　添加蒙版　　　　　图13-14　"颜色键"与"溢出抑制"特效设置

7）拖动"时间线"窗口中的"工作区域结尾"滑块到第4s 16帧处，使得该合成需要渲染的时间为4s 16帧。

8）单击"预览"面板中的"播放"按钮，预览效果。

（2）应用Keylight（1.2）键控特效

1）将素材文件夹下Keylight（1.2）文件夹中的"九寨沟.jpg"和"人物.mp4"素材导入到"项目"窗口中。

2）将"九寨沟.jpg"素材拖曳到"项目"窗口底部的"新建合成"按钮上，新建一个与素材一样大小的合成，执行"合成"→"合成设置"命令，在打开的"合成设置"对话框中，设置"合成名称"为"Keylight（1.2）"，其他参数默认，单击"确定"按钮。

3）将"人物.mp4"素材拖曳到时间线"九寨沟.jpg"图层的上方，并拖动"合成"窗口中"人物.mp4"的位置，使得置于"合成"窗口的右下角，如图13-15所示。

4）选定时间线上的"九寨沟.jpg"图层，将指针移到第3s　3帧处，按<Alt+]>组合键，进行剪断，使得两个图层的时长相同。

5）选中时间线上的"人物.mp4"图层，执行"效果"→"键控"→"Keylight（1.2）"命令，在效果控件面板中，使用Screen Colour右侧的吸管在"合成"窗口中吸取背景上的绿色，背景上的绿色马上被抠除，实现了两个图层合成的效果。"Keylight（1.2）"特效设置，如图13-16所示。

图13-15　确定"人物.mp4"的位置

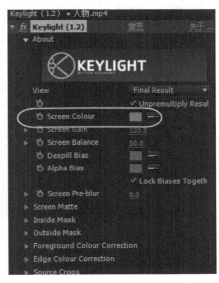

图13-16　"Keylight（1.2）"特效设置

6）拖动"时间线"窗口中的"工作区域结尾"滑块 到第3s　3帧处，使得该合成需要渲染的时间为3s　3帧。

7）单击"预览"面板中的"播放"按钮，预览效果。

（3）应用"线性颜色键"键控特效

1）将素材文件夹下"线性颜色键"文件夹导入到"项目"窗口中。

2）将"风景1.jpg"素材拖曳到"项目"窗口底部的"新建合成"按钮上，新建一个与素材一样大小的合成，执行"合成"→"合成设置"命令，在打开的"合成设置"对话框中，设置"合成名称"为"线性颜色键"，其他参数默认，单击"确定"按钮。

3）将"鸽子.wmv"素材拖曳到时间线"风景1.jpg"图层的上方，选定"鸽子.wmv"图层，按<Ctrl+Alt+F>组合键，使得"鸽子.wmv"在"合成"窗口中撑满整个合成大小。

4）选定时间线上的"风景1.jpg"图层，将指针移到第3s　4帧处，按<Alt+]>组合键，进行剪断，使得两个图层的时长相同。

5）选中时间线上的"鸽子.wmv"图层，执行"效果"→"键控"→"线性颜色键"命令，在效果控件面板中，使用主色的吸管在"合成"窗口中吸取鸽子背景上的蓝色，如果还有未抠除的蓝色，可以单击"预览"中的中间吸管 在未抠除的地方单击进行进一步抠除，设置"匹配容差"为20。

执行"效果"→"键控"→"溢出抑制"命令，在效果控件面板中，单击"要抑制的颜色"的颜色吸管，在"线性颜色键"特效中"主色"后面的颜色上进行吸附，这样使得溢出抑制的颜色与"线性颜色键"特效抠除的颜色一致，实现抠像效果。"线性颜色键"特效设置，如图13-17所示。

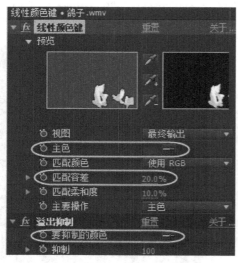

图13-17　"线性颜色键"特效设置

6）拖动"时间线"窗口中的"工作区域结尾"滑块  到第3s　4帧处，使得该合成需要渲染的时间为3s　4帧。

7）单击"预览"面板中的"播放"按钮，预览效果。

（4）渲染输出

分别单击选定"时间线"窗口中的"颜色键与溢出控制"合成、"Keylight（1.2）"合成、"线性颜色键"合成，执行"合成"→"添加到渲染队列"命令，在"渲染队列"面板中单击"输出到："右侧的文件名，在弹出的"将影片输出到："对话框中设置影片名称和保存位置，单击"保存"按钮；单击左下角"输出模块："右侧的"无损"按钮，在弹出的"输出模块设置"对话框中单击"格式"右侧的下拉按钮，设置视频的输出格式为FLV格式，单击"确定"按钮退出对话框，单击"渲染"按钮进行渲染。

（5）保存项目文件

执行"文件"→"整理工程（文件）"→"收集文件"命令，完成项目文件的保存工作。

⟫ 项目拓展

《荷花》——Roto抠像技术应用

虽然使用蓝背景和绿背景进行拍摄是抠像的一种较好的方案，但是仍有很多情况下不方便使用幕布拍摄，就要使用Roto技术。Roto技术是一种动画制作技术，动画师将实拍影片的运动逐帧地跟踪描绘出来。Roto抠像就是为动态影像内容使用逐帧绘制蒙版的方法，将其中需要的部分抠出。

本项目通过使用Roto抠像技术，使学习者掌握动态影像在不具备颜色键控条件时，可以使用Roto抠像技术解决去除背景的合成操作。项目完成后的效果，如图13-18所示。

图13-18 《荷花》制作效果

制作步骤如下。

1）导入素材：启动AE CC软件，在"项目"窗口中右击，在弹出的快捷菜单中，执行"导入"→"文件"命令，导入项目13中的素材。

2）新建合成：将"项目"窗口中的"荷花.mp4"素材拖曳到"项目"窗口下方的"新建合成" 按钮上，创建一个与素材大小一样的合成。

3）在"时间线"窗口中，双击"荷花.mp4"图层，则系统自动打开图层窗口，如图13-19所示。

图13-19 图层窗口

4）将时间指针移到第0帧处，单击"工具"面板上的"Roto笔刷工具" ，按住<Ctrl>键与鼠标左键在图层窗口中拖动来调整笔刷为合适大小，在荷花轮廓的内侧进行绘制，如图13-20所示。

图13-20 Roto笔刷画素材轮廓的内侧

5）当松开鼠标左键后，系统自动检测相似区域建立遮罩，相应地在"效果控件"面板中添加了"Roto笔刷和调整边缘"特效。由于本素材的帧速率不匹配，为了获得Roto笔刷和调整边缘的最佳效果，请将合成设置为50帧/秒以匹配图层源，如图13-21所示。

图13-21 提示修改帧速率

注意：如果素材的帧速率匹配，则不会出现这个提示的。

6）根据提示，将合成设置中的帧速率设为50帧/秒。执行→"合成"→"合成设置"命令。在弹出的"合成设置"对话框中，"帧速率"改为"50帧/秒"。修改帧速率之后，图层窗口显示，如图13-22所示。

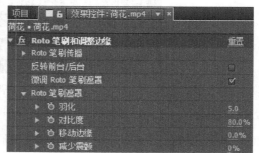

图13-22 Roto笔刷建立的遮罩及"Roto笔刷和调整边缘"特效设置

7）此时在图层视图面板左下方可以看到当前这一帧，即第0帧为Roto遮罩的基础帧，之后默认的有20帧将按基础帧的信息来自动跟踪和计算前景与背景的边缘，这个20帧的范围称为帧范围。在图层面板时间线标尺下面有一段带箭头的区域，如图13-23所示。

8）在图层面板底部将影响区域的右端拖到整个时间线的最右端，使其影响整个合成，如图13-24所示。

图13-23　Roto遮罩20帧范围

图13-24　调整Roto遮罩影响范围为整个合成

9）此时，可以看到遮罩边缘还有不完全的部分，需要使用"Roto笔刷工具"进行微调。按住<Ctrl>键和鼠标调小笔刷，在遮罩缺失的部分进行绘制，新绘制的部分作为选区进行添加，如图13-25所示；如果想减少选区，则可以按住<Alt>键并拖曳鼠标可减少选区部分，同时会在新添加笔刷的时间位置建立新的基帧，用来按新的遮罩进行跟踪。

10）在图层面板中拖动时间线指针，会发现出现绿色线条，表明完成了缓存的范围，如图13-26所示。如果在拖动时间线的过程中，发现有不完整的区域，则可以随时添加新区域（或按住<Alt>键减少区域），然后再拖动时间线，直至拖完时间线长度，反复拖动指针来回观察，确保遮罩的边缘跟踪是正确的。

图13-25　添加新的遮罩

图13-26　绿色线条表明完成缓存的范围

11）切换到"合成"窗口，会发现荷花的背景变得透明了，如图13-27所示。

图13-27　透明背景

注意：如果切换到"合成"窗口中，不能显示透明图像，可以将"合成"窗口中的"分辨率/向下采样系数弹出式菜单"设为"完整"即可，如图13-28所示。

图13-28　设置显示分辨率

12）经过使用"Roto笔刷工具"后，遮罩的边缘仍然显得比较生硬，再切换到图层窗口在"工具"面板中将"Roto笔刷工具"切换为"调整边缘工具"，围绕荷花的边缘进行绘制，松开鼠标左键后显示，如图13-29所示。

图13-29　"调整边缘工具"绘制后的效果

13）在效果控件面板中，勾选"微调调整边缘遮罩"复选框，展开"调整边缘遮罩"选项，设置"平滑"为5，"羽化"为1，"对比度"为10%，如图13-30所示。

图13-30 "调整边缘遮罩"参数设置

14）切换到"合成"窗口中，将"项目"窗口中"背景.jpg"素材拖曳到时间线上"荷花.mp4"图层的下方。

15）选定"荷花"图层，展开荷花的"变换"属性，将"缩放"设为70%，位置设为（470，335），如图13-31所示。

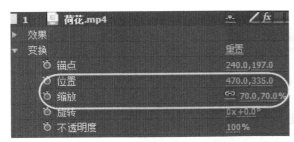

图13-31 设置荷花的"位置"和"缩放"参数

16）预览效果：单击"预览"面板中的"播放" ▶按钮，进行效果预览。

17）渲染输出：若对预览效果感到满意时，可以执行"合成"→"添加到渲染队列"命令，在"渲染"队列面板中单击"输出到："右侧的文件名，在弹出的"将影片输出到："对话框中设置影片名称和保存位置，单击"保存"按钮；单击左下角"输出模块："右侧的"无损"按钮，在弹出的"输出模块设置"对话框中单击"格式"右侧的下拉按钮，设置视频的输出格式为".flv"格式，单击"确定"按钮退出对话框，单击"渲染"按钮进行渲染。

18）保存项目文件。

执行"文件"→"整理工程（文件）"→"收集文件"命令，完成项目文件的保存工作。

影视特效制作项目教程After Effects CC（中文版）

项目14 调色技术应用

▶ 学习目标

1）掌握色彩的组成要素。
2）掌握色彩校正中常用的调色特效。
3）掌握整体调色与局部调色的方法。

▶ 知识准备

1. 色彩的组成要素

色彩是影片中外在表现形式之一，调整影视色彩是影视后期制作中一个重要的环节，画面的整体色调会展现出影片的风格，并影响影片的质量，影片中局部的色彩的调整能使影片的色调更协调。

现代色彩学按照全面、系统的观点，将色彩分为有彩色和无彩色两大类。有彩色是指红、绿、蓝这3个最基本的色相，以及由它们混合所得到的所有色彩，这3个色相又称作三原色，简称RGB。无彩色是指黑色、白色和各种纯度的灰色。无彩色虽然只有明度变化，但在色彩学中，无彩色也是一种色彩。

色彩的组成要素主要有三个方面：色相、明度、饱和度。

（1）色相

色相是指色彩的相貌，即我们对于色彩的称谓，例如，红、橙、黄、绿、蓝、紫等，如图14-1所示。在AE CC中，常用的色相处理方法为色相/饱和度，如图14-2所示。

色调（色相）：是指色彩的相貌

图14-1 色调

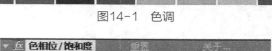
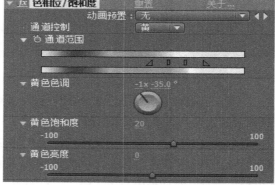

图14-2 "色相位/饱和度"设置

使用"色相/饱和度"中的通道控制改变向日葵的颜色，增加饱和度使颜色更鲜艳。

另外，根据色轮补色原理，通过增加或减少某种颜色，从而可以改变图像的色相。

使用曲线特效调整色相，如图14-3所示。

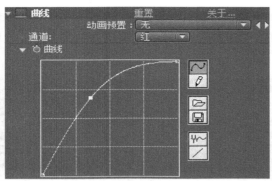

图14-3 "曲线"特效设置

在色轮中对角线上的两种颜色是互补色，也称作对立色，它们两两之间没有共同的RGB色素。

红（255，0，0）——青（0，255，255）。

绿（0，255，0）——洋红（255，0，255）。

蓝（0，0，255）——黄（255，255，0）。

所以，在曲线的红通道中，曲线向上，增加红色则减少青色，实际上就是减少绿色和蓝色；反之，曲线向下，减少红色则增加青色，实际上就是增加绿色和蓝色。对于绿，蓝通道，原理相同，一种颜色增加，则它的补色减少，一种颜色减少，则它的补色增加，如图14-4所示。

图14-4 色轮

（2）明度

明度是指色彩的明暗程度，也可以称作是色彩的亮度，如图14-5所示。有色彩中黄色的明度最高，紫色明度最低，处于光谱边缘。同一种色彩，其明度也会有变化，当它加入白色时明度会提高，加入黑色时会降低明度和饱和度。无彩色中明度最高的是白色，明度最低的是黑色。通常利用色阶直方图可以很容易地查看图像的亮度强弱，如图14-6所示。

亮度（明度）：是指色彩的明亮程度。

图14-5 色彩的明度

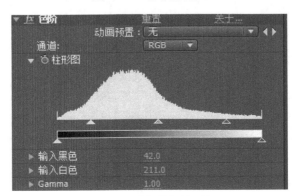

图14-6 "色阶"柱形图

157

利用色阶查看图片的灰度值分布，在色阶直方图中，色彩的亮度偏低，通过改变色阶输入黑白的值，调整图像的色彩亮度，使图像色彩的亮度重新分布，并保持色彩均衡，效果如图14-7所示。

图14-7　改变色阶的输入黑白值后的效果

另外，通过色彩平衡的阴影、中值和高光也可以对素材进行亮度调整。

（3）饱和度

饱和度是指色彩的鲜艳程度，也称色彩的纯度，如图14-8所示。当一种颜色中混入灰色或其他颜色时，纯度就会降低，即饱和度会下降，无彩色没有色相，因此，饱和度为0。通常利用色相/饱和度来增加图像的饱和度。

饱和度（纯度）：是指色彩的浓度，鲜艳程度。

图14-8　饱和度

增加图像主题的饱和度，如图14-9所示。使图像的整体色彩变得鲜艳，效果如图14-10所示。

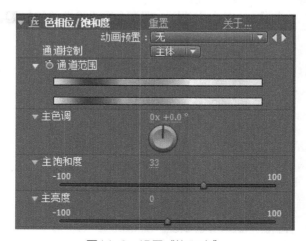

图14-9　设置"饱和度"

图14-10　饱和度调整前后效果对比

2．三原色

三原色，就是指这三种色中的任意一色都不能由另外两种原色混合产生，而其他色可由这三色按照一定的比例混合出来，色彩学上将这三个独立的色称为三原色。三原色是指红、绿、蓝三色，简称RGB，如图14-11所示。

图14-11　"红R（255，0，0）" "绿G（0，255，0）" "蓝B（0，0，255）"三原色

根据图层模式的加法原理，图层模式叠加效果，如图14-12所示。

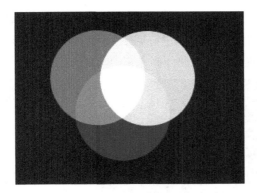

图14-12　图层模式叠加

3．色彩校正常用调色特效

色彩校正是一种改变或协调图像颜色的方法。色彩校正可以用来优化原始素材、将人们的注意力吸引到图像的关键元素上、校正白平衡和曝光中的错误、确保不同图像之间颜色的一

致，或者为了人们所需的特效视觉效果进行艺术性调色。

1）亮度与对比度

"亮度与对比度"特效用来调节镜头的亮度和对比度，在实际应用中，可校正原来镜头的亮度或者对比度不足等缺陷，也可以通过该特效产生反差较大的视觉冲击。"亮度与对比度"特效设置及效果，如图14-13和图14-14所示。

图14-13 "亮度与对比度"特效设置

图14-14 "亮度与对比度"特效设置后的效果对比

亮度表示提升整个图像的亮度，对比度表示增大亮色调与暗色调的对比，使亮色调更亮，暗色调更暗。

（2）曲线

"曲线"特效可调整画面的色调范围，它将颜色范围分为若干小方块，每个小方块都能控制一个亮度层次的变化。图像通过使用"曲线"特效，可调整整个色调范围及色彩平衡，它不仅可以对图像中的高光、暗调和中间调进行调整，还可以调整色彩在0～255范围内任意点的色调，如图14-15所示，提升图像的整体高光和中间调的亮度。

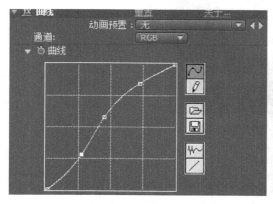

图14-15 "曲线"特效设置及效果

如图14-16～图14-18所示，分别通过红、绿、蓝通道调整图像的色调。

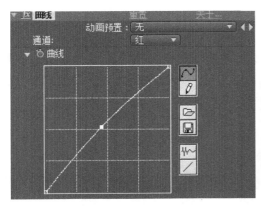

图14-16　曲线特效"红"通道设置

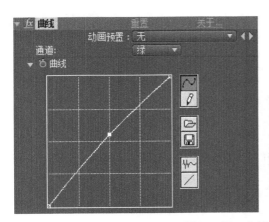

图14-17　曲线特效"绿"通道设置

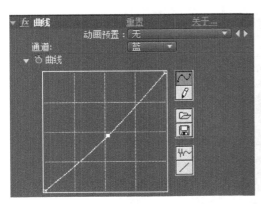

图14-18　曲线特效"蓝"通道设置

"曲线"的单通道调整色彩，实际上是增加一种单色的值，会减少另外两种颜色的值。反之，减少一种单色的值，会增加另外两种颜色的值。例如，增加红色，则绿、蓝两种颜色值就会减少。"

"曲线"的单通道是根据色彩互补来进行调色的，即红与青，绿与洋红、蓝与黄互为补色。

（3）色彩平衡

"色彩平衡"特效提供了一般化的色彩校正，用于调整图像的总体混合效果。该特效通过对图像的R、G、B通道进行调节，分别调节阴影、中间调和高光部分的强度，如图14-19所示。

图14-19　"色彩平衡"特效设置

（4）色相位/饱和度

"色相位/饱和度"特效可以调整图像中单个颜色成分的色调，饱和度和亮度，如图14-20所示。

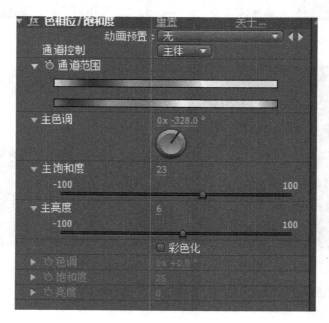

图14-20　"饱和度"设置

图14-21 "饱和度"设置后的效果对比

（5）色阶

"色阶"特效用于改变图像整体或部分通道的范围亮度，可以调节画面的亮度、对比度和伽马值（Gamma），通过调节伽马值（Gamma）来影响灰度色调中间范围的亮度值，且不明显改变画面的亮度和阴影部分，如图14-22和图14-23所示。

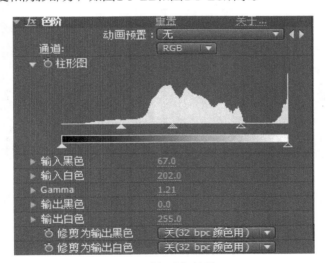

图14-22 "色阶"特效设置

图14-23 "色阶"特效设置前后效果对比

（6）阴影/高光

"阴影/高光"特效用于由逆光而形成的剪辑照片，或者校正由于太接近闪光灯而有些发白的焦点，可以将图像中的暗调区域和高光区域增亮或变暗，如果使用别的调色特效对暗部进行调整，可能会把画面中已经很亮的地方调得更亮，而使用"阴影/高光"特效则不会产生上述情况，如图14-24和图14-25所示。

图14-24　设置"阴影/高光"特效

图14-25　设置"阴影/高光"特效后的效果对比

阴影数量和高光数量表示减少图像中的阴影数和高光数，减少阴影能突出图像的细节，减少高光能降低光线的强度。

 >> 项目实施

《美丽的白头雕》——色彩校正

通过《美丽的白头雕》项目的制作，根据素材的特点，采用恰当的调色工具进行颜色校正，分别利用色相/饱和度、曲线、亮度和对比度、更改颜色、色阶等特效完成项目的调色效果。项目完成后的效果，如图14-26所示。

制作步骤如下：

1）打开AE CC软件，导入素材eagle.mov。

2）在"项目"窗口中，把eagle.mov拖动到"项目"窗口下方的"新建合成"按钮上，创建合成eagle。

3）在"合成"窗口中，可以发现视频的色彩不太鲜艳，对比度偏低，重点不够突出。利用AE CC自带的色彩校正特效对视频进行色彩校正。

图14-26 《美丽的白头雕》项目制作效果

4）添加调整图层：执行"图层"→"新建"→"调整图层"命令，命名为"色阶"。选择"色阶"图层，在菜单"效果"的颜色校正中选择"色阶（独立控件）"，如图14-27所示。设置"色阶"的参数为：RGB：输入白色236；红色：红色输入白色235，红色灰度系数0.67；绿色：绿色输入白色209，绿色灰度系数0.70；蓝色：蓝色输入白色183，蓝色灰度系数0.80，如图14-28所示。

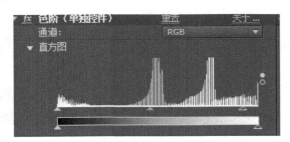

图14-27 色阶直方图

RGB		红色	
▼ ◐ 输入黑色	0.0	▶ ◐ 红色输入黑色	0.0
0.0		▶ ◐ 红色输入白色	235.0
▶ ◐ 输入白色	236.0	▶ ◐ 红色灰度系数	0.67
▶ ◐ 灰度系数	1.00	▶ ◐ 红色输出黑色	0.0
▶ ◐ 输出黑色	0.0	▶ ◐ 红色输出白色	255.0
▶ ◐ 输出白色	255.0		

绿色		蓝色	
▶ ◐ 绿色输入黑色	0.0	▶ ◐ 蓝色输入黑色	0.0
▶ ◐ 绿色输入白色	209.0	▶ ◐ 蓝色输入白色	183.0
▶ ◐ 绿色灰度系数	0.70	▶ ◐ 蓝色灰度系数	0.80
▶ ◐ 绿色输出黑色	0.0	▶ ◐ 蓝色输出黑色	0.0
▶ ◐ 绿色输出白色	255.0	▶ ◐ 蓝色输出白色	255.0

图14-28 "色阶（独立控件）的RGB及红绿蓝"参数设置

5）添加调整图层：执行"图层"→"新建"→"调整图层"命令，命名为"阴影/高光"。

选择"阴影/高光"图层，在菜单"效果"的颜色校正中选择"阴影/高光"，设置"阴影/高光"的参数为：阴影数量63，高光数量17，取消"自动数量"复选框，如图14-29所示。

图14-29　"阴影/高光"参数设置及效果

6）添加调整图层，命名为"曲线"。选择"曲线"图层，在菜单"效果"的颜色校正中选择"曲线"，设置"曲线"的参数为：稍微降低高光，提升中间调，如图14-30所示。

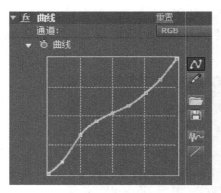

图14-30　"曲线"参数设置及效果

7）添加调整图层，命名为"自然饱和度"。选择"自然饱和度"图层，在菜单"效果"的颜色校正中选择"自然饱和度"，设置"自然饱和度"的参数为："自然饱和度"为40，"饱和度"为20，如图14-31所示。

图14-31　"自然饱和度"参数设置及效果

8）添加调整图层，命名为"快速模糊"。选择"快速模糊"图层，在菜单"效果"的"模糊和锐化"中选择"快速模糊"，设置"快速模糊"的参数为：模糊度为18，勾选"重复边缘像素"复选框,如图14-32所示。图层模式设置为"柔光",如图14-33所示。

图14-32　"快速模糊"参数设置　　　　图14-33　图层模式设为"柔光"

9)添加纯色图层:执行"图层"→"新建"→"纯色"命令,在打开的"纯色设置"对话框中,"颜色"为"黑色","名称"为"压暗四角"。选择"压暗四角"图层,在"工具"面板中选择"椭圆工具",在"合成"窗口中绘制一个椭圆,如图14-34所示。

图14-34　在"合成"窗口中绘制椭圆

10)展开"压暗四角"图层属性,蒙版选择"反转",蒙版羽化值(200,200),图层"变换"的"不透明度"改为30%,图层模式改为"相乘或变暗",如图14-35所示。

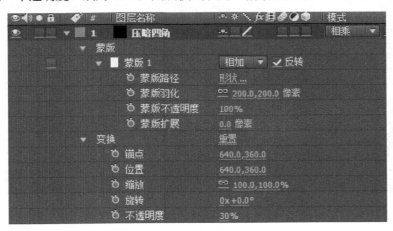

图14-35　设置蒙版属性

11)单击"预览"面板中的"播放"按钮,预览效果。

12)渲染输出:若对预览效果感到满意时,可以执行"合成"→"添加到渲染队列"命令,在"渲染队列"面板中单击"输出到:"右侧的文件名,在弹出的"将影片输出到:"对话框中设置影片名称和保存位置,单击"保存"按钮;单击左下角"输出模块:"右侧的"无损"按钮,在弹出的"输出模块设置"对话框中单击"格式"右侧的下拉按钮,设置视频的输出格式为FLV格式,单击"确定"按钮退出对话框,单击"渲染"按钮进行渲染。

13)保存项目文件:执行"文件"→"整理工程(文件)"→"收集文件"命令,完成项目文件保存工作。

《三原色》—— 色彩的基本组成

本项目通过对三种颜色图层的设置，实现生成新的颜色的效果，项目完成后的效果，如图14-36所示。

制作步骤如下。

1）打开AE CC软件，执行"合成"→"新建合成"命令，在打开的"合成设置"对话框中，将"合成名称"命名为"三原色"；"预设"为PAL D1/DV，"持续时间"为5s。

2）在三原色合成时间面板上，新建纯色层，"名称"改为"红色"，"颜色"设置为"红色（255，0，0）"，如图14-37所示。

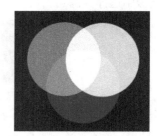

图14-36 《三原色》项目制作效果

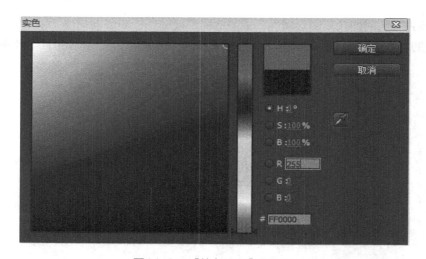

图14-37 "纯色设置"对话框

3）选取"工具"面板中的"椭圆形遮罩工具"，选择"红色"图层，按住<Shift>键，在红色图层上绘制一个正圆。如图14-38所示。

4）选择红色图层，按<Ctrl+D>组合键，复制两个红色图层。"时间线"面板，如图14-39所示。

5）把"图层2"名称改为"绿色"，选取绿色图层，在图层菜单中选择图层设置，把纯色层颜色改为绿色（0，255，0）。

6）同理，把"图层3"名称改为"蓝色"，纯色层颜色改为蓝色

图14-38 绘制正圆

（0，0，255），如图14-40所示。

图14-39　复制图层

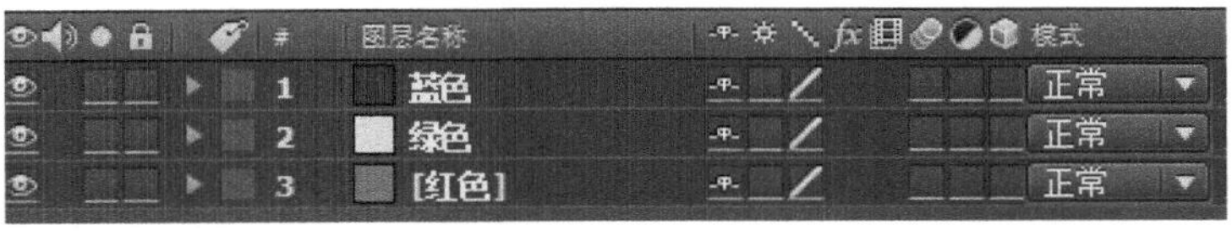

图14-40　"时间线"窗口

7）利用"移动工具"，把三个图层调整为如图14-41所示的形状。

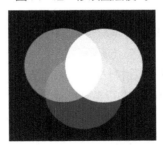

图14-41　调整图形形状

8）把"绿色"图层和"蓝色"图层的图层"模式"改为"相加"，如图14-42所示。最终效果如图14-43所示。

图14-42　修改图层模式

图14-43　最终效果

添加了图层模式以后，图层重叠的部分颜色发生了变化。"红色+绿色=黄色"；"绿色+蓝色=青色"；"蓝色+红色=洋红色"；"红色+绿色+蓝色=白色"。红色图层是单纯的红色，不含有绿、蓝，而红色中添加了绿色以后变为了黄色。黄色的色值为（255，255，0），也就是说，红色中添加绿色以后改变了红色的色相。

第6单元　跟踪与稳定

项目15　位置跟踪

▷ 学习目标

1）掌握位置跟踪的设置方法。

2）掌握透视跟踪的设置方法。

3）能根据素材的特点选择恰当的跟踪方法。

▷ 知识准备

1. 运动跟踪

运动跟踪是AE CC中的关键帧助理工具中功能最强大、作用最广泛的一个工具。运动跟踪器以在第一帧中选择的区域中的像素为标准，来记录后续帧的运动。例如，将一个燃烧的火焰与一个运动中的网球合成，火焰通过追踪网球的运动轨迹，使火焰与网球的运动轨迹相同。

AE CC可以对多种元素进行跟踪。例如，可以在一个影像片段中的人物头部加入一个光环，让光环随着头部的运动而移动、旋转、缩放。同样，可以跟踪某个物体的多个控制点，物体的外形变化通过控制点表现出来。AE CC可以对目标的位置、旋转属性、透视属性进行跟踪。

2. 跟踪器面板

在"时间线"窗口中，选中要进行跟踪操作的图层，执行"窗口"→"跟踪器"命令，系统自动弹出"跟踪器"面板，如图15-1所示。

1）跟踪摄像机：单击该按钮可以进行摄像机跟踪操作。

2）变形稳定器：单击该按钮可以进行自动画面稳定操作，如果素材有晃动，直接单击该按钮，可以自动稳定画面。

3）跟踪运动：可设置位置跟踪、旋转跟踪、透视跟踪等。

4）稳定运动：单击该按钮，可以进行稳定操作。无论单击"跟踪运动"按钮还是"稳定运动"按钮，选择的层都会在"图层"面板中打开，并默认显示1个跟踪点，如图15-2所示。

5）运动源：指定跟踪的源，即需要在该层进行跟踪操作。

6）当前跟踪：指定当前的跟踪轨迹。一个层可以进行多个跟踪，可以在此切换不同的轨迹。

图15-1 "跟踪器"面板　　图15-2 添加"跟踪运动"后默认打开图"层"面板

7）跟踪类型：分别是稳定、变换、平面边角定位、透视边角定位、原始。

8）位置、旋转、缩放：这3个选项只有在使用"稳定"和"变换"跟踪的时候才可以使用。

9）编辑目标：即指定运动要应用于的对象图层，单击该按钮，出现"运动目标"对话框，如图15-3所示。

10）选项：单击该按钮，进行跟踪参数设置，弹出"动态跟踪器选项"对话框如图15-4所示。

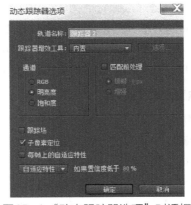

图15-3 "运动目标"对话框　　图15-4 "动态跟踪器选项"对话框

① 轨道名称：指定当前跟踪的名称。

② 跟踪器增效工具：显示载入到AE CC中的跟踪插件。

③ 通道：在跟踪过程中，跟踪是按照像素差异进行的，跟踪点与周围环境没有差异时，则无法正确跟踪跟踪点的变化。差异类型包括RGB色彩差异、明亮度差异、饱和度差异。

④ 跟踪场：识别跟踪层的场。

⑤ 子像素定位：将特征区域的像素细分处理，得到更精确的运算结果。

⑥ 每帧上的自适应特性：对每帧都优化特征区域，提高跟踪的精确度。

⑦ 如果置信度低于：当跟踪的信息被其他物体遮挡时，选择此项，设置百分比。当跟踪信息的精度百分比低于该值时，系统将推算各种信息的位置。

3. 定义跟踪范围

跟踪范围是由两个方框和一个十字线构成的，如图15-5所示。

图15-5　跟踪点标记

1）十字线为跟踪点，跟踪点与其他层的轴心点或效果点相连。当跟踪完成后，结果将以关键帧的方式记录到图层的相关属性。跟踪点在跟踪过程中只是用来确定其他层在跟踪完成后的位置情况。跟踪点不一定要在特征区域内，可以拖动它到任何地方。

2）里面的方框为特征区域，它用于定义跟踪目标的范围。系统记录当前特征区域内的对象的明度和形状特征，然后在后续帧中以这个特征进行匹配跟踪。对影像进行运动跟踪时，要确保特征区域有较强的颜色或亮度特征，与其他区域有高对比度反差。一般情况下，在前期拍摄过程中，要准备好跟踪特征物体，以便后期编辑可以达到最佳合成效果。

3）外面的方框为搜索区域。较小的搜索区域可以提高跟踪的精度和速度。但是搜索区域一般最少需要包括两帧跟踪物体的位移所移动的范围。所以，被跟踪素材的运动速度越快，两帧之间的位移越大，搜索区域的大小也要相应增大。

4. 分析跟踪效果

当跟踪设置完成后，可进行分析跟踪。可以单击▶"向前分析"按钮、◀"向后分析"按钮进行连续跟踪，再单击一次则停止跟踪。也可以单击▶️"向前分析1帧"、◀️"向后分析1帧"按钮进行单帧跟踪。

当对分析跟踪的效果满意时，可单击"应用"按钮，为目标层应用跟踪效果。当对分析跟踪的效果不满意时，将指针移到产生偏移的位置，在层窗口中将偏移的跟踪区域调整到正确的位置，按下▶"向前分析"按钮继续跟踪，如果后面再次出现偏移，按照同样的方法，重新设置跟踪区域即可。

5. 跟踪方式

1）位置跟踪：位置跟踪方式是将其他层或本层中具有位置移动属性的特技参数连接到跟踪对象的跟踪点上，它只有一个跟踪区域。在进行跟踪时，可以将一个层或效果连接到跟踪点上，但因为位置跟踪具有一维属性，只能控制一个点，所以当物体产生歪斜或透视效果时，位置跟踪不能随物体的透视角度发生变化。这种方式适合被跟踪物体只在平面中发生位移变化的情况。

2）旋转跟踪：旋转跟踪将被跟踪物体的旋转方式复制到其他层或本层中具有旋转属性的特技参数上，它具有两个跟踪区域。在进行旋转跟踪时，第1个特征区域到第2个特帧区域轴上的箭头决定一个角度。跟踪工具通过两个跟踪区域相对的位置移动计算出物体旋转的角度，并且将这个旋转的角度赋值到其他层上，使其他层上的物体对象与被跟踪的物体以相同的方式旋转。这种方式适合被跟踪物体只在平面中绕固定位置发生旋转变化的情况。

3）位置和旋转的跟踪：位置和旋转的跟踪，结合了位置跟踪和旋转跟踪的特点，它具有两个跟踪区域，在进行这种跟踪时，跟踪工具通过两个跟踪区域相对的位置移动计算出物体的位置及旋转角度，并将这个位置和旋转角度的值应用到其他层，使其他层上的物体与被跟踪的物体以相同的方式运动。

4）平行边角定位：边角定位使用3个跟踪点跟踪歪斜与旋转，但不是透视的画面。当对跟踪点进行分析计算后，将上面定义的3个跟踪点计算出第4个点的位置信息并转化为"边角定位"的关键帧，系统将自动为连接层添加边角钉效果。该效果将控制连接层四个角的位置，于是就可以看到连接层产生歪斜和旋转运动。

5）透视边角定位：透视边角定位与边角定位不同，透视边角定位形成的四边形可以自由变形，可以模拟各种透视效果。当对跟踪点进行分析计算后，系统自动为连接层添加"边角定位"效果，并将4个跟踪点的位置信息转化为"边角定位"参数的关键帧。

 **项目实施**

《手握火焰前行》——位置跟踪应用

本项目主要是通过位置跟踪的设置，实现火焰随人的运动而运动的效果。在项目制作的过程中，要注意调节好各项跟踪参数，局部区域可以手动调整跟踪结果。项目的制作效果，如图15-6所示。

图15-6 《手握火焰前行》动画制作效果

制作步骤如下。

1）启动AE CC软件，导入素材"火焰"和"背景"两个序列文件素材。导入时，要按照序列文件素材的导入方法进行导入。在"项目"窗口中双击，在打开的"导入文件"对话框中，选中"火焰"文件夹下的第1个序列图片文件然后勾选"☑ JPEG 序列"项，单击导入即可，如图15-7所示。用同样的方法，导入"背景"序列文件素材。

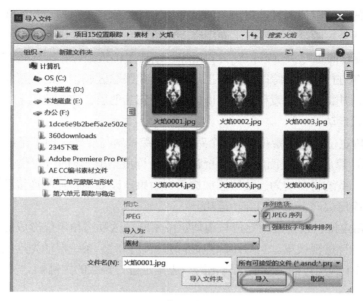

图15-7　导入"火焰"序列文件素材

2）新建合成：将"项目"窗口中的"背景"素材拖曳到"项目"窗口底部的"新建合成"按钮上，建立一个与素材"背景"大小一致的合成。

3）将"项目"窗口中的"火焰"素材拖曳到"时间线"窗口中"背景"层的上层。

4）在时间线上可以观察到火焰素材的时长比较短，只有4s时长，而"背景"素材时长为12s，所以应该设置火焰素材。在"项目"窗口中，右击"火焰"素材，在出现的快捷菜单中，选择"解释素材"→"主要"，在打开的"解释素材"对话框中，设置"循环"的值为3次，如图15-8所示。

5）在"时间线"窗口，将光标移到"火焰"素材的出点处，待光标变成双向箭头时，向右拖曳，使得火焰的出点到第12s处，与"背景"素材时长相同，如图15-9所示。

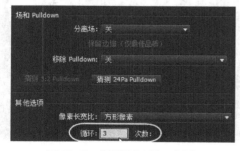

图15-8　"解释素材"对话框

图15-9　拖曳火焰素材

6）选中"火焰"图层，展开"变换"下的"缩放"属性，设置"缩放"为40%。单击"工具"面板中的"向后平移（锚点）工具"按钮，将光标移到火焰的中心，拖曳锚点至火焰下端，如图15-10所示。

7）观察到"火焰"素材有黑色背景，选中"火焰"层，设置"模式"为"相加"或为"屏幕"，如图15-11所示。

图15-10　调整锚点到火焰下端　　　图15-11　设置"火焰"层的模式

8）单击"工具"面板中的"选择工具"，在"合成"窗口中移动火焰至人物的手心中。

9）选中"背景"图层，执行"窗口"→"跟踪器"命令，打开"跟踪器"面板，单击"跟踪运动"选项，"运动源"默认为"背景"，"跟踪类型"为"变换"，单击"编辑目标"按钮，设定"运动目标"为"火焰"，如图15-12所示。

10）单击"跟踪器"面板中的"选项"按钮，在打开的"动态跟踪器选项"对话框中，"通道"选择"明亮度"，勾选"每帧上的自适应特性"复选框，单击"确定"按钮，如图15-13所示。

图15-12　"跟踪器"面板　　　图15-13　设置"选项"参数

11）在打开的"图层：背景"面板中，拖动"跟踪点1"框到光源（手心）点上，注意：特征区域（内方框）要小，搜索区域（外方框）要大。

注意：当搜索框较小时，特征像素移动到搜索框之外时将不能正确跟踪；搜索框过大时，则分析过程变慢。

12）将时间指针置于0s处，单击"向前分析" ▶按钮，系统自动进行分析，完成后，出现如图15-14所示的分析结果。

图15-14　跟踪轨迹

如果在跟踪过程中出现跟踪丢失，可以展开时间线上"背景"层，查看"功能中心"中的关键帧，从开始丢失跟踪之后的关键帧删除，然后逐步单击"向前分析1个帧" ▶按钮进行

175

单帧跟踪，出现丢帧时，就可以手动调整跟踪点，如图15-15所示。

13）当跟踪比较满意时，单击"跟踪器"面板中的"应用"按钮，弹出"动态跟踪器应用选项"对话框，如图15-16所示，"应用维度"选择"X和Y"，单击"确定"按钮。系统自动切换回"合成"窗口。

图15-15　背景层动态跟踪的关键帧

图15-16　选择应用维度

14）此时预览合成效果，发现在第8s12帧时，托火的人物已经消失了，但火焰依然停留在"合成"窗口的右侧边缘，可以展开"火焰"图层的"位置"关键帧，将第8s12帧之后的关键帧按<Delete>键删除，再在后面添加一个关键帧，将火焰移到屏幕外侧。

15）预览效果：单击"预览"面板中的"播放"▶按钮，进行效果预览。

16）渲染输出：若对预览效果感到满意时，可以执行"合成"→"添加到渲染队列"命令，在"渲染队列"面板中单击"输出到："右侧的文件名，在弹出的"将影片输出到："对话框中设置影片名称和保存位置，单击"保存"按钮；单击左下角"输出模块："右侧的"无损"按钮，在弹出的"输出模块设置"对话框中单击"格式"右侧的下拉按钮，设置视频的输出格式为FLV格式，单击"确定"按钮退出对话框，单击"渲染"按钮进行渲染。

17）保存项目文件：执行"文件"→"整理工程（文件）"→"收集文件"命令，完成项目文件保存工作。

 项目拓展

《转动的显示器》——透视跟踪应用

本项目利用透视跟踪的设置，实现视频跟随计算机显示器转动的效果。项目的制作效果，如图15-17所示。

图15-17　《转动的显示器》制作效果

制作步骤如下。

1）导入素材：启动AE CC软件，在"项目"窗口中双击，在打开的"导入文件"对话框中，选择素材文件夹中的computer中的序列文件素材，再次导入"美女风景.mp4"素材。

2）将"项目"窗口中的computer素材拖曳到"项目"窗口下方的"新建合成"按钮上，新建一个与computer素材大小一致的合成。将"项目"窗口中"美女风景.mp4"素材拖曳到computer图层的上方，并且缩小"美女风景.mp4"的显示比例。

3）选中computer图层，执行"窗口"→"跟踪器"命令，打开"跟踪器"面板，单击"跟踪运动"按钮，给图层添加跟踪控制，系统自动将当前层设定为运动源。在"跟踪类型"下拉列表中，选择"透视边角定位"，如图15-18所示。单击"编辑目标"按钮，设定"运动目标"为"美女风景.mp4"。

4）当为computer图层添加"跟踪运动"后，"合成"窗口自动切换到computer"图层"面板，同时出现4个跟踪范围，如图15-19所示。每一个跟踪范围由两个方框和一个十字点构成。将时间指针移到第0帧处，将光标移到跟踪范围内，当光标变为带有"✛"字黑色箭头时，分别移动跟踪范围到显示器的4个顶点上，调整两个方框大小，让内框包含住跟踪点，如图15-20所示。

5）在"跟踪器"面板中单击"选项"按钮，在弹出的"动态跟踪器选项"对话框中，设置跟踪的"通道"为"明亮度"，单击"确定"按钮，如图15-21所示。

图15-18 "跟踪器"面板

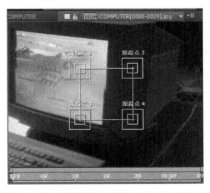

图15-19 "图层"面板中的4个跟踪点

图15-20 调整跟踪范围的位置

图15-21 "动态跟踪器选项"对话框

6）单击"向前分析" ▶按钮，进行跟踪分析，再按一次则停止跟踪。也可以按下"向前分析1个帧" ▶▶按钮进行逐帧分析跟踪。如果跟踪区域出现了偏移，将播放指针移到出现偏移的关键帧处，在层窗口中将偏移的跟踪区域重新进行调整，按下"向前分析" ▶按钮继续跟踪，分析完成后，会产生跟踪点关键帧，图层窗口显示，如图15-22所示。

7）当对跟踪结果比较满意时，单击"应用"选项按钮，系统自动切换到"合成"窗口，如图15-23所示。

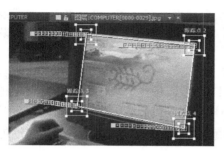

图15-22　图层的跟踪关键帧轨迹

图15-23　"合成"窗口显示

8）渲染输出：若对预览效果感到满意时，可以执行"合成"→"添加到渲染队列"命令，在"渲染"队列面板中单击"输出到："右侧的文件名，在弹出的"将影片输出到："对话框中设置影片名称和保存位置，单击"保存"按钮；单击左下角"输出模块："右侧的"无损"按钮，在弹出的"输出模块设置"对话框中单击"格式"右侧的下拉按钮，设置视频的输出格式为FLV格式，单击"确定"按钮退出对话框，单击"渲染"按钮进行渲染。

9）保存项目文件：执行"文件"→"整理工程（文件）"→"收集文件"命令，完成项目文件保存工作。

项目16　稳定运动

▶ 学习目标

1）掌握AE CC的稳定技术。
2）掌握变形稳定器的设置方法。
3）掌握稳定运动的设置方法。
4）能根据素材的特点处理镜头抖动问题。

▶ 知识准备

1. 稳定技术

拍摄过程中，由于摄像机的振动引起了画面的抖动，在AE CC中可以借助"变形稳定器"和"稳定运动"来对其进行平稳处理。

稳定运动的工作原理首先是侦测出跟踪点的起始位置和相对于其他点的起始角度，然后分析出后续帧的跟踪点的位置和角度，再为层的跟踪点和角度添加关键帧。这些关键帧的运动方向和旋转角度都与特征点的运动方向和旋转角度相反。这样就抵消了画面的跳动和旋转。

可以看出，画面的第1帧是整个画面稳定的基础，因此需要保证画面的第1帧是需要的效果。

2. 变形稳定器

利用"变形稳定器"可以自动对抖动的视频片段进行稳定处理。

3. 稳定运动

由于画面风格不同，对于模糊或对比度不高的视频素材，自动化的"变形稳定器"有时会出现无法使用的现象，就需要使用"稳定运动"来手动设置跟踪和稳定的操作。

稳定运动与跟踪运动的原理相同，只不过稳定运动应用目标是自身，通过跟踪画面中移动的像素，分析抖动的位置偏移变化校正抖动效果，分析两个跟踪点之间的角度变化校正旋转，计算两个跟踪点之间的距离变化校正缩放。

稳定运动的设置方法与跟踪运动基本相同。

 **项目实施**

《抖动的花盆》——稳定运动

本项目主要是通过"稳定运动"的设置，实现消除抖动现象的效果。在项目制作的过程中，要注意调整跟踪点的位置及各项跟踪参数。项目的制作效果，如图16-1所示。

图16-1 《抖动的花盆》制作效果

制作步骤如下。

1）启动AE CC软件，导入素材"抖动的花盆.mp4"。

2）新建合成：将"项目"窗口中的"抖动的花盆.mp4"素材拖曳到"项目"窗口底部的"新建合成"按钮██上，建立一个与素材"抖动的花盆.mp4"大小一致的合成。

3）选中"抖动的花盆.mp4"图层，将时间线指针移到第0帧，执行"窗口"→"跟踪器"命令，如图16-2所示。在"跟踪器"面板中单击"稳定运动"按钮，此时切换到"图层"面板，出现一个跟踪区域，如图16-3所示。

图16-2　稳定运动设置

图16-3　"图层"面板

4）在"图层"面板中，将"跟踪点1"特征的外框调整稍大一点，如图16-4所示，光标指向特征点，待光标出现十字箭头时，拖曳跟踪点到花盆上的某个点上，如图16-5所示。

图16-4　调整特征点的外框

图16-5　拖曳跟踪点到花盆上

5）单击"向前分析"按钮 分析: ◀ ◀ ▶ ▶，系统会自动进行跟踪分析，再按一次则停止跟踪，如果跟踪区域出现了偏移，将播放指针移到出现偏移的关键帧处，在"图层"面板中将偏移的跟踪区域重新进行调整，按下"向前分析"按钮继续跟踪，直到跟踪到完全正确的位置，如图16-6所示。

6）在对跟踪结果满意之后，单击"应用"按钮，此时会弹出"动态跟踪器应用选项"对话框，确认跟踪数据的"应用维度"，选择"X和Y"，在平面范围内应用跟踪数据，单击"确定"按钮，便将正确的跟踪结果应用到视频素材上，如图16-7所示。

图16-6　跟踪轨迹

图16-7　"动态跟踪器应用选项"对话框

7）系统自动切换到到"合成"窗口，此时拖动时间线指针观察，发现换面稳定了，但画面的周围不时地出现合成的背景颜色。

8）选中该图层，按<Ctrl+Shift+C>组合键，进行预合成，在弹出的"预合成"对话框中选择第2项，单击"确定"按钮，时间线上出现了一个预合成层，如图16-8所示。

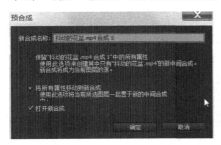

图16-8　"预合成"设置

9）选中该合成图层，按<S>键，进行缩放属性设置，调整"缩放"的值为120%，使其不再透出合成的背景颜色。

10）预览效果：单击"预览"面板中的"播放"▶按钮，进行效果预览。

11）渲染输出：若对预览效果感到满意时，可以执行"合成"→"添加到渲染队列"命令，在"渲染队列"面板中单击"输出到："右侧的文件名，在弹出的"将影片输出到："对话框中设置影片名称和保存位置，单击"保存"按钮；单击左下角"输出模块："右侧的"无损"按钮，在弹出的"输出模块设置"对话框中单击"格式"右侧的下拉按钮，设置视频的输出格式为FLV格式，单击"确定"按钮退出对话框，单击"渲染"按钮进行渲染。

12）保存项目文件：执行"文件"→"整理工程（文件）"→"收集文件"命令，完成项目文件保存工作。

 **项目拓展**

《落日余晖》——稳定运动应用

播放"落日余晖"视频效果，会发现视频的晃动比较厉害，稳定性较差，由于本素材对比度不高，使用自动化的"变形稳定器"来制作稳定效果不够理想或无法实现。本项目利用"稳定运动"来手动设置跟踪和稳定的操作。项目的制作效果，如图16-9所示。

图16-9　《落日余晖》制作效果

制作步骤如下。

1）导入素材：启动AE CC软件，在"项目"窗口中双击，在打开的"导入文件"对话框中，选择素材文件夹中的"落日余晖.mov"素材。

2）将"项目"窗口中的"落日余晖.mov"素材拖曳到"项目"窗口下方的"新建合成"按钮上，新建一个与"落日余晖.mov"素材大小一致的合成。

3）在"时间线"窗口中，选中"落日余晖.mov"素材图层，执行"窗口"→"跟踪器"命令，打开"跟踪器"面板，单击"稳定运动"按钮，给图层添加稳定运动控制，"跟踪器"面板，如图16-10所示；系统自动切换到"图层"操作窗口，如图16-11所示。

4）再勾选"跟踪器"面板中的 "旋转""缩放"复选项，当视频中需要对"旋转"或"缩放"进行跟踪时，将出现有两个跟踪线框，用来对比角度确定旋转，或者对比距离确定缩放。单击"选项"按钮，在打开的"动态跟踪器选框"对话框中，将"通道"设定为"明亮度"，单击"确定"按钮，关闭对话框，如图16-12所示。

   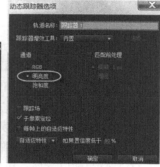

图16-10 "跟踪器"面板 图16-11 "图层"窗口　　图16-12 设定跟踪器面板参数

5）在"图层"操作窗口中，挑选在视频中应该为稳定状态并且对比度相对明显的区域，调整跟踪线框的大小（外框要大，内框要小）。将光标移到特征点上，当光标变成4个十字形的箭头时拖曳到要作为稳定状态并且对比度相对明显的区域（如山丘和太阳），如图16-13所示。

图16-13 移动跟踪点的位置

6）单击"跟踪器"面板中的"向前分析"▶按钮，进行跟踪分析，分析结束后，在"跟踪点1"和"跟踪点2"产生系列关键帧，如图16-14所示。

图16-14　跟踪轨迹

7）在"跟踪器"面板中单击"应用"按钮，在弹出的"动态跟踪器应用选项"对话框中，将"应用维度"设为"X和Y"，单击"确定"按钮，在图层的"变换"属性下应用跟踪的关键帧。

8）预览此时的效果，抖动被通过变换的关键帧进行校正，同时"合成"窗口的边缘会出现黑屏边缘空隙。

9）选中"时间线"窗口"落日余晖.mov"素材图层，执行"效果"→"扭曲"→"变换"命令，为图层添加一个"变换"效果，将"缩放"增大，并调整合适的"位置"，预览效果，检查边缘不再出现空隙，如图16-15所示。

图16-15　调整"缩放"和"位置"参数来消除边缘空隙

10）渲染输出：若对预览效果感到满意时，可以执行"合成"→"添加到渲染队列"命令，在"渲染队列"面板中单击"输出到："右侧的文件名，在弹出的"将影片输出到："对话框中设置影片名称和保存位置，单击"保存"按钮；单击左下角"输出模块："右侧的"无损"按钮，在弹出的"输出模块设置"对话框中单击"格式"右侧的下拉按钮，设置视频的输出格式为FLV格式，单击"确定"按钮退出对话框，单击"渲染"按钮进行渲染。

11）保存项目文件：执行"文件"→"整理工程（文件）"→"收集文件"命令，完成项目文件的保存工作。

第7单元 转场及其他特效

项目17 转场特效应用

▶ 学习目标

1）掌握转场特效的设置方法。
2）掌握预设过渡特效的设置方法。
3）掌握黑白信息转场特效的设置方法。

▶ 知识准备

1. 特效的添加与设置

添加特效是创建效果的基础。在AE CC中添加特效的方法主要有两种：一种是执行菜单命令"效果"中的特效区域命令来实现添加效果；另一种可通过"效果和预置"面板进行添加。对素材添加特效后通过设置特效参数，可调整特效效果，从而展现丰富的渲染效果。对特效的设置主要可以分为4类，对带有下画线、带坐标、带角度控制器和带颜色拾取器等参数的设置。如果要设置特效动画，一般为特效属性制作动画效果有两种方法，一种是创建属性关键帧；另一种是通过创建表达式制作动画。

2. 转场特效

使用AE CC制作转场特效可以对素材进行调节透明度变化或者添加过渡特效来制作。

过渡特效主要用来实现转场，在AE CC中的转场特效与其他的非线性编辑软件中的转场特效不同，例如，Premiere、Final Cut Pro等。其他软件的转场特效是作用在镜头与镜头之间的，而AE中的转场则是作用在图层上的。AE CC中的"过渡"特效命令，如图17-1所示，如果AE CC中预置了"过渡"特效，可以在"效果和预设"面板中，展开"动画预设"→"过渡转场-划变"或"过渡转场-叠化"选项，双击某个预设好的转场特效，直接使用，如图17-2所示。

图17-1 "过渡"特效命令　　　图17-2 预设的转场特效

3. 百叶窗

模拟百叶窗一样的转场效果。"百叶窗"过渡特效参数设置,如图17-3所示。

1)过渡完成:完成"百叶窗"过渡的程度,需要设置关键帧才能完成动画过程。

2)方向:百叶窗的方向。

3)宽度:百叶窗条状的宽度。

4)羽化:可以设置边缘的羽化值。

4. 渐变擦除

依据渐变图层的形状实现过渡效果。"渐变擦除"过渡特效参数设置,如图17-4所示。

1)过渡完成:完成"渐变擦除"过渡的程度,需要设置关键帧才能完成动画过程。

2)过渡柔和度:设置过渡的柔和程度。

3)渐变图层:设定要依据的渐变图层,依据该图形进行渐变擦除。

4)渐变位置:包括"伸缩渐变以适合""中心渐变""拼贴渐变"。

5)反转渐变:勾选"反转渐变"实现反转方向。

图17-3 "百叶窗"过渡特效设置　　　　图17-4 "渐变擦除"过渡特效设置

5. 径向擦除

以时钟旋转的方式实现擦除过渡效果。"径向擦除"过渡特效参数设置,如图17-5所示。

1)过渡完成:完成"径向擦除"过渡的程度,需要设置关键帧才能完成动画过程。

2)起始角度:可以设置擦除的开始和结束时的角度。

3)擦除中心:设置旋转的中心。

4)擦除:擦除时旋转的方向,包括顺时针、逆时针和两者兼有。

5)羽化:设置擦除时的羽化值。

6. CC Glass Wipe

玻璃划像过渡特效主要功能是在原图像上添加一种模拟玻璃映射图像的效果,通过创建动画制作过渡效果。CC Glass Wipe特效参数设置,如图17-6所示。

图17-5 "径向擦除"过渡特效设置　　　图17-6 "CC Glass Wipe"特效设置

1)Completion:完成玻璃划像过渡的程度,需要设置关键帧才能完成动画过程。

2）Layer to Reveal：设置要显示的图层。

3）Gradient Layer：设置渐变层。

4）Softness：柔和度设置。

5）Displacement Amou：置换数量。

7. CC Jaws

锯齿划像过渡特效主要功能是在原图像中制造齿轮裂缝，用来模拟鲨鱼舞动牙齿的效果。CC Jaws特效参数设置，如图17-7所示。

1）Completion：完成锯齿划像过渡的程度，需要设置关键帧才能完成动画过程。

2）Center：设置渐变的中心。

3）Direction：设置方向。

4）Height：设置高度。

5）Width：设置宽度。

6）Shape：设置锯齿的形状。

8. CC light wipe

CC光线擦除特效主要的功能是模拟光线在原图像前面加个光线折射图形的擦拭效果。CC Light Wipe特效参数设置，如图17-8所示。

1）Completion：完成光线划像过渡的程度，需要设置关键帧才能完成动画过程。

2）Center：设置渐变的中心。

3）Intensity：设置强度。

4）Shape：设置渐变的形状。

5）DIrection：设置方向。

6）Color：设置光线的颜色。

7）Reverse Transition：勾选该项时，设置反转渐变。

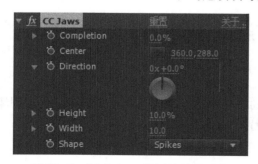

图17-7 "CC Jaws"过渡特效设置

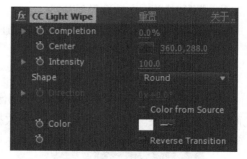

图17-8 "CC Light Wipe"特效设置

 >> 项目实施

《时装表演》——转场特效应用

本项目通过添加转场特效动画，制作电子相册。项目的制作效果，如图17-9所示。

图17-9 《时装表演》相册制作效果

制作步骤如下。

1）新建合成：启动AE CC软件，执行"合成"→"新建合成"命令，在打开的"合成设置"对话框中，"合成名称"命名为"时装表演"，设置合成的"预设"为"自定义"，尺寸为"720像素×576像素"，"像素长宽比"为"方形像素"，"帧速率"为"25帧/秒"，"持续时间"为10s。

2）导入素材：在"项目"窗口中双击，在打开的"导入文件"对话框中，选择所有的图片素材。

3）素材入轨：将"项目"窗口中"人物1.jpg"～"人物5.jpg"拖入时间线上，将时间指针移到第2s处，框选5个图片图层，按<Alt+]>组合键，使得每个图片的时长为2s。由于图片尺寸都比较大，框选5个图片图层，按<S>键，展开缩放属性，设置为40%，如图17-10所示。

图17-10 设置图片的时长及缩放属性

4）将"人物1.jpg"的入点置于第0s处；"人物2.jpg"的入点置于第1s5帧处；"人物3.jpg"的入点置于第2s10帧处；"人物4.jpg"的入点置于第3s15帧处；"人物5.jpg"的入点置于第4s20帧处。

5）单击选定"人物2.jpg"图层，将时间指针置于其入点，即第1s5帧处，执行"效果"→"过渡"→"线性擦除"命令，在"效果控件"面板中"擦除角度"为130°，"羽化"为120，单击"过渡完成"左边的"钟表"按钮，启动"过渡完成"关键帧并设定"过渡完成"为100%，如图17-11所示。将时间指针置于第1s20帧处，将"过渡完成"设为0%。

6）单击选定"人物3.jpg"图层，将时间指针置于其入点，即第2s10帧处，执行"效果"→"过渡"→"百叶窗"命令，在"效果控件"面板中"宽度"为120，单击"过渡完成"左边的"钟表"按钮，启动"过渡完成"关键帧并设定"过渡完成"为100%，如图17-12所示。将时间指针置于第3s处，将"过渡完成"设为0%。

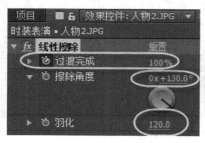

图17-11　线性擦除设置

图17-12　"百叶窗"过渡特效设置

7）单击选定"人物4.jpg"图层，将时间指针置于其入点，即第3s15帧处，执行"效果"→"过渡"→"径向擦除"命令，在"效果控件"面板中"羽化"为25，单击"过渡完成"左边的"钟表"按钮，启动"过渡完成"关键帧并设定"过渡完成"为100%，如图17-13所示。将时间指针置于第4s5帧处，将"过渡完成"设为0%。

8）单击选定"人物5.jpg"图层，将时间指针置于其入点，即第4s20帧处，执行"效果"→"过渡"→"CC Glass Wipe"命令，在"效果控件"面板中，单击"Completion"左边的"钟表"按钮，启动"过渡完成"关键帧并设定"Completion"为100%，如图17-14所示。将时间指针置于第5s10帧处，将"completion"设为0%。

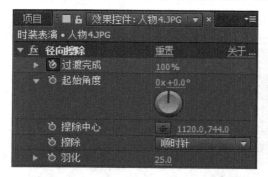

图17-13　"径向擦除"过渡特效设置

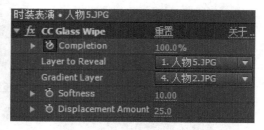

图17-14　"CC Glass Wipe"过渡特效设置

9）确定渲染区域：拖动时间线上的"工作区域"滑块，拖到"00:00:6:22"处，确保渲染区域中不至于有空白内容。

10）预览效果：单击"预览"窗口中的"播放" ▶ 按钮，进行效果预览。

11）渲染输出：若对预览效果感到满意时，可以执行"合成"→"添加到渲染队列"命令，在"渲染队列"面板中单击"输出到："右侧的文件名，在弹出的"将影片输出到："对话框中设置影片名称和保存位置，单击"保存"按钮；单击左下角"输出模块："右侧的"无损"按钮，在弹出的"输出模块设置"对话框中单击"格式"右侧的下拉按钮，设置视频的输出格式为FLV格式，单击"确定"按钮退出对话框，单击"渲染"按钮进行渲染。

12）保存项目文件：执行"文件"→"整理工程（文件）"→"收集文件"命令，完成项目文件保存工作。

 **项目拓展**

《时装展示》——黑白信息转场应用

本项目利用黑白信息，制作转场特效的电子相册。项目的制作效果，如图17-15所示。

图17-15 《时装展示》制作效果

制作步骤如下。

1）新建合成：启动AE CC软件，执行"合成"→"新建合成"命令，在打开的"合成设置"对话框中，"合成名称"命名为"时装展示"，设置合成的"预设"为"自定义"，尺寸为"720像素×576像素"，"像素长宽比"为"方形像素"，"帧速率"为"25帧/秒"，"持续时间"为5s。

2）导入素材：在"项目"窗口中双击，在打开的"导入文件"对话框中，选择所有的图片素材。

3）素材入轨：将"项目"窗口中"照片1.jpg"～"照片5.jpg"拖入时间线上，将时间指针移到第2秒处，框选5个图片图层，按<Alt+]>组合键，使得每个图片的时长为2s。由于图片尺寸都比较大，框选5个图片图层，按<S>键，展开缩放属性，设置为22%。

4）将"照片1.jpg"的入点置于第0s处；"照片2.jpg"的入点置于第15帧处；"照片3.jpg"的入点置于第1s5帧处；"照片4.jpg"的入点置于第1s20帧处；"照片5.jpg"的入点置于第2s10帧处。将"过渡3.jpg"～"过渡1.jpg"依次拖入时间线窗口的下方轨中，将"过渡.tif"拖入时间线的最下层，如图17-16所示。

5）单击选定"照片2.jpg"图层，将时间指针置于其入点，即第15帧处，执行"效果"→"过渡"→"渐变擦除"命令，在"效果控件"面板中"过渡柔和度"为20，"渐变图层"为"过渡3.jpg"，单击"过渡完成"左边的"钟表"按钮，启动"过渡完成"关键帧并设定"过渡完成"为100%，如图17-17所示。将时间指针置于第1s处，将"过渡完成"设为0%。

6）单击选定"照片3.jpg"图层，将时间指针置于其入点，即第1s5帧处，执行"效果"→"过渡"→"渐变擦除"命令，在"效果控件"面板中"过渡柔和度"为20，"渐变图层"为"过渡2.jpg"，单击"过渡完成"左边的"钟表"按钮，启动"过渡完成"关键帧并设定"过渡完成"为100%，如图17-18所示。将时间指针置于第1s15帧处，将"过渡完成"设为0%。

7）单击选定"照片4.jpg"图层，将时间指针置于其入点，即第1s20帧处，执行"效果"→"过渡"→"渐变擦除"命令，在"效果控件"面板中"过渡柔和度"为20，"渐变图层"为"过渡1.jpg"，单击"过渡完成"左边的"钟表"按钮，启动"过渡完成"关键帧并设定"过渡完成"为100%，如图17-19所示。将时间指针置于第2s5帧处，将"过渡完成"设为0%。

图17-16　图层排列

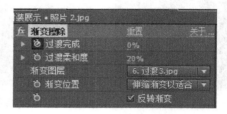

图17-17　设置"照片2"

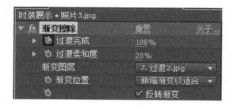

图17-18　设置"照片3"

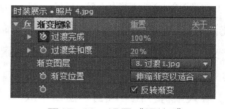

图17-19　设置"照片4"

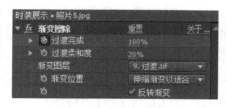

图17-20　设置"照片5"

8）单击选定"照片5.jpg"图层，将时间指针置于其入点，即第2s10帧处，执行"效果"→"过渡"→"渐变擦除"命令，在"效果控件"面板中"过渡柔和度"为20，"渐变图层"为"过渡.tif"，单击"过渡完成"左边的"钟表"按钮，启动"过渡完成"关键帧并设定"过渡完成"为100%，如图17-20所示。将时间指针置于第2s20帧处，将"过渡完成"设为0%。

9）渲染输出：若对预览效果感到满意时，可以执行"合成"→"添加到渲染队列"命令，在"渲染队列"面板中单击"输出到："右侧的文件名，在弹出的"将影片输出到："对话框中设置影片名称和保存位置，单击"保存"按钮；单击左下角"输出模块："右侧的"无损"按钮，在弹出的"输出模块设置"对话框中单击"格式"右侧的下拉按钮，设置视频的输出格式为FLV格式，单击"确定"按钮退出对话框，单击"渲染"按钮进行渲染。

10）保存项目文件：执行"文件"→"整理工程（文件）"→"收集文件"命令，完成项目文件的保存工作。

项目18　图层样式及碎片特效应用

▶ 学习目标

1）掌握图层样式的设置方法。

2）掌握碎片特效的设置方法。

3）掌握矢量模糊特效的设置方法。

▶ 知识准备

1. 图层样式

Photoshop提供了各种图层样式（例如，阴影、发光和斜面）来更改图层的外观。在导入 Photoshop图层时，AE CC可以保留这些图层样式，也可以应用图层样式并为其属性制作动画。可以在AE CC中复制并粘贴任何图层样式。除了添加视觉元素的图层样式（例如，投影或颜色叠加）之外，每个图层的"图层样式"属性组还包含"混合选项"属性组。可以使用"混合选项"设置来实现对混合操作的强大而灵活的控制。"图层样式"属性，如图18-1所示。

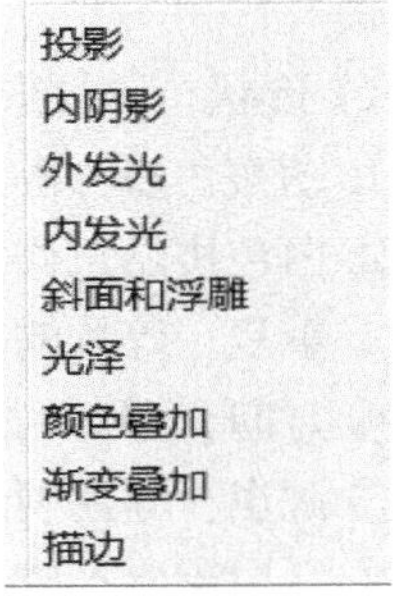

投影
内阴影
外发光
内发光
斜面和浮雕
光泽
颜色叠加
渐变叠加
描边

图18-1　图层样式属性

1）投影：添加落在图层后面的阴影。

2）内阴影：添加落在图层内容中的阴影，从而使图层具有凹陷外观。

3）外发光：添加从图层内容向外发出的光线。

4）内发光：添加从图层内容向里发出的光线。

5）斜面和浮雕：添加高光和阴影的各种组合。

6）光泽：应用创建光滑光泽的内部阴影。

7）颜色叠加：使用颜色填充图层的内容。

8）渐变叠加：使用渐变填充图层的内容。

9）描边：描画图层内容的轮廓。

要将合并的图层样式转换为可编辑图层样式，请选择一个或多个图层，然后执行"图层"→"图层样式"→"转换为可编辑样式"命令；要将图层样式添加到所选图层中，执行"图层"→"图层样式"命令，然后从菜单中选择图层样式。要删除图层样式，请在"时间轴"面板中选择它，然后按<Delete>键。要删除所选图层中的所有图层样式，执行"图层"→"图层样式"→"全部移除"命令。

2. 碎片特效

碎片特效可以模仿物体爆炸的过程，它可以控制物体的爆破次序、碎片形状、碎片材质、场景灯光、摄像机位置等属性。选择要添加爆破特效的图层，执行"效果"→"模拟"→"碎片"命令，打开特效控制面板，如图18-2所示。

1）视图：控制预览的显示方式。"已渲染"显示特效最终效果；"线框"是以线框方式显示，这种方式可加快预览过程；"线框+作用力"，此方式下，系统可在"合成"窗口中显示爆炸的受力状态。

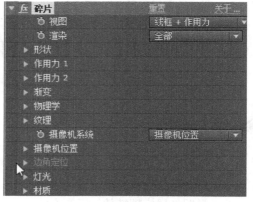

图18-2 "碎片"特效

2）渲染：包括3个选项，"全部"表示可以将破碎后的粒子和残余物体一起渲染；"图层"表示将破碎后的粒子和残余物体单独渲染；选择"块"只渲染破碎后的粒子，或只渲染残余物体。

3）形状：碎片形状控制。该效果内置众多的碎片形状，也可以自定义碎片的形状。

① 图案：多种碎片形状图案。

② 白色拼贴已修复：可以使用白色平衡的适配功能。

③ 重复：碎片的重复数目。数值越大，则碎片越多。

④ 方向：爆炸的角度。

⑤ 源点：碎片裂纹的开始位置。可以在"合成"窗口中拖动效果点来改变位置。

⑥ 凸出深度：碎片厚度。数值越大，碎片越厚。

4）作用力1/作用力2：定义使物体破碎的外力，默认状态下，系统仅使用作用力1。

① 位置：定义在XY平面上的位置。

② 深度：定义在Z轴上的位置。

③ 半径：控制力的半径。数值越大，半径越大，目标受力面积也越大，半径为0时，目标不发生任何变化。

④ 强度：控制爆炸强度。数值越大，碎片飞散越远，数值为负时，飞散的方向与正值时相反。强度为0时，不产生飞散的碎片。但是在力的半径范围内的目标会受到重力影响。

5）渐变：该参数栏可以指定一个渐变图层，利用该图层的明暗渐变来控制粒子的运动方式，该参数不影响碎片形状，只影响爆炸效果。

① 渐变图层：指定一个层为爆炸渐变层。

② 碎片阈值：设置爆炸的阈值。

③ 反转渐变：复选该选项，则反转渐变层。

6）物理学：在该参数栏中可以对爆炸的旋转速度、翻滚坐标及重力等进行设置，如图18-3所示。

① 旋转速度：控制爆炸产生碎片的旋转速度。数值为0时，碎片不会翻滚旋转，数值越大，旋转速度越快。

② 倾覆轴：设置爆炸后的碎片如何翻滚旋转。默认为"自由"翻滚，选择"无"，则不产生翻滚。

③ 随机性：控制碎片飞散的随机值。较高的值产生不规则的、凌乱的碎片飞散效果。

④ 粘度：控制碎片的粘度。较高的值使碎片聚集在一起。

⑤ 大规模方差：控制爆炸碎片集中的百分比。

⑥ 重力：给爆炸施加一个重力。爆炸产生的碎片会受到重力的影响，根据重力的方向坠落，取决于"重力方向"参数的设置。

⑦ 重力方向：重力的角度。

⑧ 重力倾向：为重力设置一个倾斜度。

7）纹理：对碎片的颜色、纹理贴图进行设置，如图18-4所示。

颜色：控制碎片的颜色。默认情况下，碎片使用当前图层的图像作为贴图，如果要使用设置的颜色，必须在"正面模式""侧面模式""背面模式"下拉列表中，选择所要使用的颜色。如果选择"着色图层"，系统在当前图像基础上，根据设定的颜色对其进行色彩处理后作为碎片贴图。"颜色+不透明度""图层+不透明度""着色图层+不透明度"选项，则根据"不透明度"参数栏中的不透明度设置，对碎片进行半透明处理。当以图层上的图像作为碎片贴图时，可以在"正面模式"或"背面模式"下拉列表中，为碎片的不同面指定合成图像中的一个层作为贴图。

图18-3　碎片特效的"物理学"参数

图18-4　碎片特效的"纹理"设置参数

8）摄像机系统：可以控制特效中所使用的摄像机系统。选择不同的摄像机，则效果也不同。

① 摄像机位置：选择该方式后，由"摄像机位置"参数栏控制的特效摄像机观察效果。

② 边角定位：选择该方式后，由"边角定位"参数栏的边角控制参数控制效果。

③ 合成摄像机：选择该方式后，则由合成图像中的摄像机进行控制。当特效层为3D层时，建议使用"合成摄像机"，使用该模式，必须确保合成图像中已经建立摄像机。

9）摄像机位置：当摄像机系统选择"摄像机位置"，该参数栏被激活。

① X、Y、Z轴旋转：控制摄像机在X、Y、Z轴上的旋转角度。

② X、Y、Z轴位置：控制摄像机在三维空间中的位置属性。可以在参数栏中设置摄像机位置，也可以在"合成"窗口中拖动摄像机控制点位置。

③ 焦距：可以控制摄像机焦距。

④ 变换顺序：在其下拉列表中可以选择摄像机的变化顺序。

10）边角定位：当摄像机系统选用"边角定位"后，该参数栏被激活。系统在层的4个角产生控制点。通过控制点，改变层形状。

①左（右）上（下）角：分别控制上下左右4个控制点的位置。可以调整控制点参数，也可以在合成窗口中选择控制点，按住鼠标左键拖动其位置进行调整。

②焦距：控制焦距。

11）灯光：控制特效中所使用的灯光参数，如图18-5所示。

12）材质：控制特效中素材的材质属性，如图18-6所示。

图18-5　碎片特效的"灯光"参数

图18-6　碎片特效的"材质"参数

 **项目实施**

《天涯来客》——墙体脱落显露文字

本项目实现墙体从左到右逐渐剥落并露出文字的效果。利用图层样式制作出文字内嵌于墙体效果，利用碎片特效制作裂缝及文字从左到右的爆炸剥落效果，利用合成嵌套和轨道遮罩制作墙体逐渐剥落露出内嵌文字的动画，对碎片设置阴影和模糊效果，实现墙体剥落的逼真效果。项目的制作效果，如图18-7所示。

图18-7　《天涯来客》动画制作效果

制作步骤如下。

1）启动AE CC软件，导入素材"墙.jpg"和"纹理.tga"。导入时，弹出"解释素材"对话框，单击"猜测"按钮，让系统选择，如图18-8所示。

2）新建合成：将"项目"窗口中的"墙.jpg"拖曳到"项目"窗口底部的"新建合成"按钮上，建立一个与素材"墙.jpg"大小一致的合成，执行"合成"→"合成设置"命令，在打开的"合成设置"对话框中，将"持续时间"设为10s。

3）在时间线上，单击🔒，锁定"墙.jpg"图层。

4）单击"工具"面板中的🅣"文字工具"，在"合成"窗口中单击，输入"天涯来客"，设置字体为"华文新魏"、颜色为"白色"、字号为120、仿粗体，将文字置于"合成"窗口的中间，如图18-9所示。

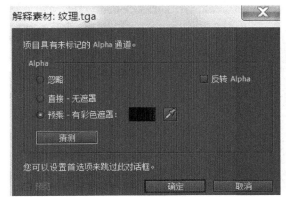

图18-8 "解释素材"对话框

图18-9 "合成"窗口的文字显示

5）将"项目"窗口中的"纹理.tga"素材拖曳到时间线上"天涯来客"的下方，如图18-10所示。

图18-10 添加纹理图层

6）将文字层及纹理层进行预合成：单击选定时间线上的"天涯来客"及"纹理.tga"，按<Ctrl+Shift+C>组合键进行预合成，在弹出的"预合成"对话框中，将"新合成名称"改为"文字"，勾选"打开新合成"复选框，单击"确定"按钮，如图18-11所示。这样就自动打开了"文字"合成。

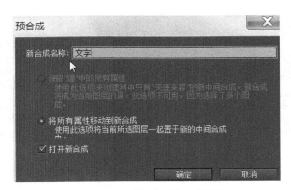

图18-11 "预合成"对话框

7）将"文字"合成中的文字及纹理设置为同一颜色：执行"图层"→"新建"→"调整图层"命令。选中调整图层，执行"效果"→"生成"→"填充"命令，在"效果控件"面板中设置颜色为灰色RGB（73，73，73），如图18-12所示。

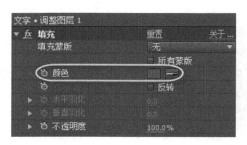
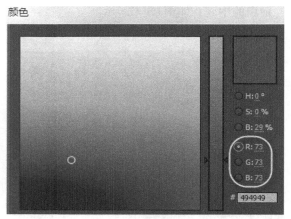

图18-12　设置调整图层

8）切换到"墙"合成，感觉文字是漂浮在墙上的。

9）制作文字内刻到墙体中的效果：选中文字图层，将图层"模式"设置为"相乘"。鼠标右键单击文字图层，在弹出的菜单中执行"图层样式"→"内阴影"命令。再次右击文字图层，执行"图层样式"→"斜面和浮雕"命令，展开图层属性中的"斜面和浮雕"选项，将"样式"设置为"外斜面"，"方向"为"向下"，"大小"为2，如图18-13所示。

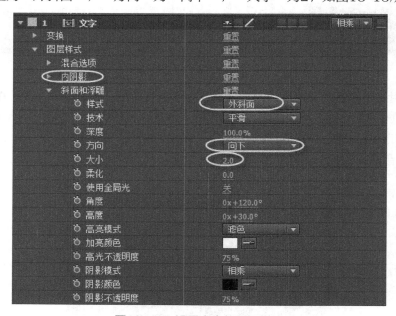

图18-13　设置文字的图层样式

10）对墙体图层进行解锁并选中墙体图层，执行"编辑"→"重复"命令，或者按<Ctrl+D>组合键复制一个图层，将其拖到顶层。再将"项目"窗口中的"文字"合成拖曳到时间线的最上层，如图18-14所示。（此处新拖入的"文字"合成图层没有图层样式效果）。

11）选中新拖入的"文字"合成层和墙体层，按<Ctrl+Shift+C>组合键进行预合成，在"预合成"对话框中，将"新合成名称"改为"粒子"，选择第2个选项，并勾选"打开新合成"复选框。单击"确定"按钮，如图18-15所示。

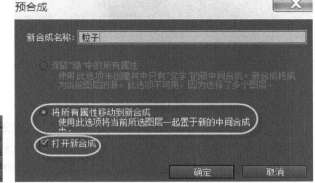

图18-14　添加新图层　　　　　　　　　　图18-15　建立"粒子"预合成

12）在新打开的"粒子"合成中，设置墙图层的"轨道遮罩"为"Alpha遮罩'文字'"，如图18-16所示。

图18-16　设置墙图层的"轨道遮罩"

13）制作粒子爆炸效果：在时间线的空白处右击，在弹出的快捷菜单中执行"新建"→"调整图层"命令，建立一个调整图层。选中刚建立的调整图层，执行"效果"→"模拟"→"碎片"命令，在"效果控件"面板中设置"视图"为"已渲染"，拖动指针会发现文字被炸成碎片，如图18-17所示。

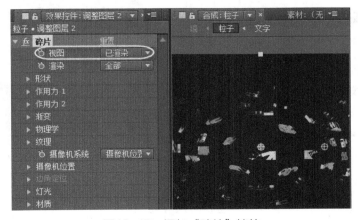

图18-17　添加"碎片"特效

14）调整粒子的状态：在特效控制面板中，将"形状"选项下的"图案"设为"玻璃"，"重复"为55，"凸出深度"为0.1。

为了使纹理和文字逐个破碎并且碎片向下落，设置"作用力1"选项下的"深度"为0.05，"半径"为0.2，"强度"为0.4。将时间线指针置于第0帧，将"位置"X轴数值设置为-15，使得作用力处于"合成"窗口的左侧。启动"位置"关键帧，将时间指针置于第7s，将"位置"X轴数值设置为786，使得作用力处于"合成"窗口的右侧，这样作用力从左到右进行移动。

为了使得碎片下落更为真实，设置"物理学"选项下的"旋转速度"为1，"随机性"为1，这样碎片在下落过程中随机进行旋转。

15）制作碎片在剥落过程中，碎片掉落后出现文字，而不是先显示出要爆炸的文字：将"渲染"改为"块"，就可以实现只显示剥落的碎片而不显示原先的纹理和文字。

16）切换到"墙"合成，拖动指针会发现碎片在不断剥落，但是在剥落的过程中，剥落后的文字一直处于显示状态，制作要求是剥落碎片的同时显示出剥落文字，需要调整。

17）在"项目"窗口中，选中合成"粒子"，按<Ctrl+D>组合键进行复制，重命名复制出的"粒子"合成名称为"文字蒙版"，如图18-18所示。

18）双击"项目"窗口中的 "文字蒙版"合成，选中调整图层，在"效果控件"面板中，设置"作用力1"选项下的"强度"为0，"物理学"下的"旋转速度""随机性""粘度""重力"等参数均设为0，使得碎片不再下落，呈现出随着指针拖动逐步出现文字的效果，如图18-19所示。

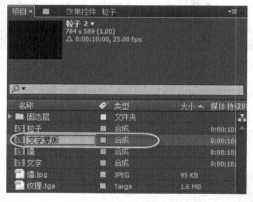

图18-18 "项目"窗口复制粒子合成并重命名

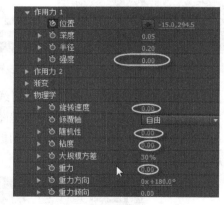

图18-19 调整"碎片"参数

19）切换到"墙"合成中，将"项目"窗口中的"文字蒙版"合成拖曳到"文字"图层之上，设置文字图层的轨道遮罩为"Alpha遮罩'文字蒙版'"，拖动时间线指针，会发现随着碎片剥落，逐渐显示出墙体上的内刻文字，如图18-20所示。

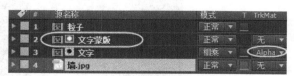

图18-20 设置文字层的轨道遮罩

20）此时的碎片效果不明显，需要添加阴影效果。选中"粒子"图层，按<Ctrl+D>组合键进行复制出一个粒子图层。选中下层的粒子图层，执行"效果"→"生成"→"填充"命令，在"效果控件"面板中，设置"颜色"为"黑"色。执行"效果"→"模糊与锐化"→"CC Vector Blur（矢量模糊）"命令，在效果控件面板中设置"Type（类型）"

为Direction Fading，设置"Amount（数量）"为10，则碎片的光影效果比较明显，如图18-21所示。

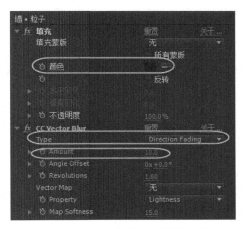

图18-21　制作碎片的阴影效果

21）预览效果：单击"预览"面板中的"播放"▶按钮，进行效果预览。

22）渲染输出：若对预览效果感到满意时，可以执行"合成"→"添加到渲染队列"命令，在"渲染队列"面板中单击"输出到："右侧的文件名，在弹出的"将影片输出到："对话框中设置影片名称和保存位置，单击"保存"按钮；单击左下角"输出模块："右侧的"无损"按钮，在弹出的"输出模块设置"对话框中单击"格式"右侧的下拉按钮，设置视频的输出格式为FLV格式，单击"确定"按钮退出对话框，单击"渲染"按钮进行渲染。

23）保存项目文件：执行"文件"→"整理工程（文件）"→"收集文件"命令，完成项目文件的保存工作。

 **≫ 项目拓展**

《欢度节日》——绚丽扫光文字制作

本项目利用渐变、碎片、发光、镜头光晕特效，制作绚丽的文字，烘托节日的祥和气氛。项目的制作效果，如图18-22所示。

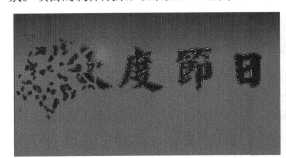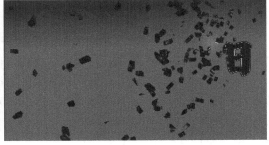

图18-22　《欢度节日》制作效果

制作步骤如下。

1）新建合成：启动AE CC软件，执行"合成"→"新建合成"命令，在打开的"合成设置"对话框中，"合成名称"命名为"背景"，设置合成的"预设"为"PAL D1/DV"，"持续时间"为10s。

2）执行"文件"→"保存"命令，保存项目文件名称为"绚丽扫光文字"。

3）新建一个纯色层。执行"图层"→"新建"→"纯色层"命令，在打开的新建纯色层的"纯色设置"对话框中，纯色层"名称"命名为"背景层"。

4）选中"背景层"，执行"效果"→"生成"→"梯度渐变"命令，在"效果控件"面板中，设置"渐变起点"的位置为（350，-170），"起点颜色"中的R、G、B设为（2，10，5），"渐变终点"位置设为（350，270），"结束颜色"中的R、G、B设为（255，44，81），"渐变形状"设为"线性渐变"，如图18-23所示。

5）按<Ctrl+N>组合键，创建一个"预设"为"PAL D1/DV"的合成，"合成名称"设为"文字"，设置"持续时间"为10s。

6）执行"图层"→"新建"→"文本"命令，输入"欢度节日"，在"字符"面板中设置字体为"经典繁毛楷"，字体大小为"120像素"，选择"在填充上描边"，"描边宽度"为1，"垂直缩放"为100%，"水平缩放"为120%，"字符"面板设置，如图18-24所示。

7）按<Ctrl+N>组合键，创建一个"预设"为"PAL D1/DV"的合成，"合成名称"设为"渐变参考"，设置"持续时间"为10s。

8）执行"图层"→"新建"→"纯色层"命令，在打开的新建纯色层的"纯色设置"对话框中，纯色层"名称"命名为"渐变层"。

9）选中"渐变层"，执行"效果"→"生成"→"梯度渐变"命令，在"效果控件"面板中，设置"渐变起点"的位置为（0，300），"渐变终点"位置设为（720，300），"渐变形状"设为"线性渐变"，如图18-25所示。

10）切换到"背景"合成中，将"项目"窗口中"文字"合成和"渐变参考"合成拖曳到"背景层"的上方，同时隐藏"渐变参考"层的显示，如图18-26所示。

11）选中"文字"图层，执行"效果"→"模拟"→"碎片"命令，在"效果控件"面板中，设置"视图"为"已渲染"，将"渲染"设为"全部"，展开"形状"选项，将"图案"设为"玻璃"，将"重复"设为70，展开"渐变"选项，将"碎片阈值"设为25%，将"渐变图层"设置为"渐变参考"，勾选"反转渐变"复选框，如图18-27所示。

12）将时间指针移到第0s位置，分别打开"作用力1"下的"位置"，"渐变"下的"碎片阈值"，"物理"下的"重力"和"重力方向"左侧的码表，设置"位置"关键帧第0s时为（100，270），第3s为（625，320），"碎片阈值"第0s为0%，在第3s为100%，"重力"在第0s处为0，第3s时为5，"重力方向"在第0s处为（2，0），在第3s处为（0，180），如图18-28和图18-29所示。设置"作用1"参数后的效果，如图18-30所示。

13）为了增强爆炸效果，添加Shine发光特效：选中"文字"图层，执行"效果"→"Trapcode"→"Shine"命令。展开"Pre-Process"（预处理），勾选Use Mask（使用遮罩）复选框，将Ray Length（射线长度）设置为6，Boost Light（光的亮度）设置为1，展开Colorize（色调值），将Colorize设置为one Color，将Color的颜色选为黄色，Blend Mode（转换模式）设置为Overlay（叠加模式），如图18-31所示。

注意：Shine发光特效是一个插件，可以从网上下载。如果下载的插件是一个.aex文件，可以复制到AE CC安装目录的Plug-ins目录之下即可；如果下载的是.exe安装文件，可以双击执行这个文件，进行自动安装。

图18-23　"梯度渐变"特效设置

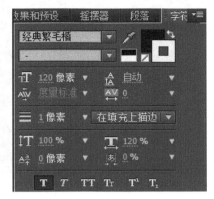

图18-24　"字符"面板设置

图18-25　"渐变层"渐变特效设置

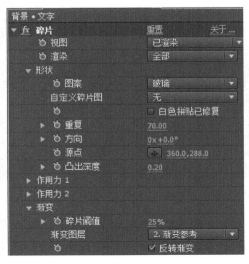

图18-26　图层排列

图18-27　设置"碎片"特效

图18-28　第0s参数设置

图18-29　第3s参数设置

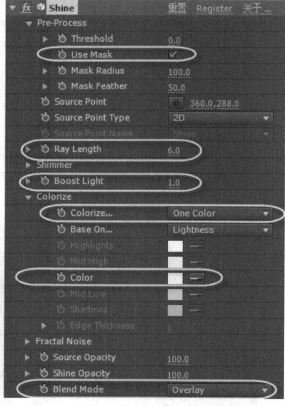

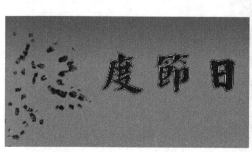

图18-30　设置"作用力1"参数后的效果

图18-31　"Shine"发光特效参数设置

14）设置动画：将时间指针置于第0s处，展开"Pre-Process"（预处理）选项，打开
Mask Radius（遮罩半径）和Source Point（目标点）左侧的"钟表"按钮，启动关键帧，
设置Mask Radius（遮罩半径）为0，Source Point（目标点）设置为（100，70）；指

针移到第3s处，设置Mask Radius（遮罩半径）为250，Source Point（目标点）设置为（507，270），光线动画效果如图18-32所示。

15）添加光晕效果。按<Ctrl+Y>组合键，新建一个黑色纯色层，"名称"为"光晕"，选中"光晕"图层，在时间线上将"模式"改为"叠加"模式，如图18-33所示。

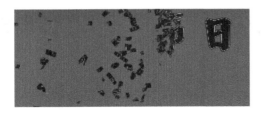

图18-32　光线动画效果　　　　　　　　图18-33　改变图层"模式"

16）执行"效果"→"生成"→"镜头光晕"命令，添加一个镜头光晕效果，将时间指针移到第6帧处，启动光晕中心关键帧，设置闪光点的位置为（85，263），指针移到第2s17帧，设置为（595，263），由于第6帧之前素材和第2s17帧之后的素材都是多余的，可以分别按<ALT+[>和<ALT+]>组合键将多余的部分删除。

17）拖动时间线上的工作区域结尾按钮 到第2s17帧处，确定渲染时长。

18）渲染输出：若对预览效果感到满意时，可以执行"合成"→"添加到渲染队列"命令，在"渲染队列"面板中单击"输出到："右侧的文件名，在弹出的"将影片输出到："对话框中设置影片名称和保存位置，单击"保存"按钮；单击左下角"输出模块："右侧的"无损"按钮，在弹出的"输出模块设置"对话框中单击"格式"右侧的下拉按钮，设置视频的输出格式为FLV格式，单击"确定"按钮退出对话框，单击"渲染"按钮进行渲染。

19）保存项目文件：执行"文件"→"整理工程（文件）"→"收集文件"命令，完成项目文件的保存工作。

第8单元　综合应用

项目19　《小荷才露尖尖角》——片头制作

▶ 学习目标

1）掌握合成的嵌套方法。
2）掌握分形杂色特效的设置方法。
3）掌握颜色校正特效的设置方法。
4）掌握模糊与锐化特效的设置方法。

《小荷才露尖尖角》——片头制作

　　本项目通过烟雾文字的制作、合成的嵌套，使学习者掌握分形杂色特效设置、颜色校正特效设置、模糊与锐化等特效设置方法，综合运用这些特效，掌握片头制作的技巧。项目制作效果，如图19-1所示。

图19-1　《小荷才露尖尖角》制作效果

　　制作步骤如下。

　　（1）创建"文字"合成

　　1）启动AE　CC软件后，创建一个"预设"为PAL/DV的合成，"合成名称"为"文字"，合成的尺寸设置为"720像素×576像素"，"帧频率"为"25帧/秒"，"持续时间"为5s。

　　2）新建一个纯色层：执行"图层"→"新建"→"纯色"命令，如图19-2所示。

　　3）选中"文字（黑色）"这个纯色图层，执行"效果"→"过时"→"基本文字"命令，添加一个基本文字特效，在打开的"基本文字"设置对话框中，输入文字"小荷才露尖尖角"，设置文字"字体"为"STxingkai"，"方向"为"垂直"；"对齐方式"为"居中对齐"，如图19-3所示。

图19-2 "纯色设置"对话框

图19-3 "基本文字"设置对话框

4）选中"文字（黑色）"这个纯色图层，打开"效果控件"面板，将"基本文字"特效中的"大小"设置为40，将"字符间距"设定为16，"填充颜色"设为"红色"，如图19-4所示。

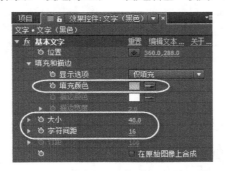

图19-4 "基本文字"特效参数设置

（2）创建"置换"合成

1）执行"合成"→"新建合成"命令，在"合成设置"对话框中，设置"合成名称"为"置换"，"预设"模式为"PAL D1/DV"，"持续时间"为5s，如图19-5所示。

2）按<Ctrl+Y>组合键，新建一个"灰色"的纯色层，在"纯色设置"对话框中，"名称"设置为"噪波"，"颜色"设置为"灰色"，参数设置如图19-6所示。

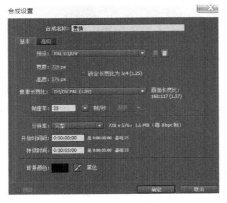

图19-5 创建"置换"合成

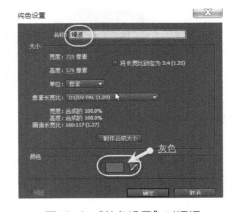

图19-6 "纯色设置"对话框

3）选中"噪波"图层，执行"效果"→"杂色和颗粒"→"分形杂色"命令，为其添加"分形杂色"特效，效果如图19-7所示。

4）设置"分形杂色"特效的"演化"参数的关键帧动画，在第0s处，单击"演化"左侧的"钟表" **⑥ 演化** 按钮，启动"演化"关键帧，将时间指针移到第3s处，设置"演化"的参数值为"4×+0.0"，如图19-8所示。

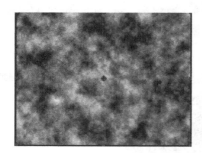

图19-7 "分形杂色"特效效果

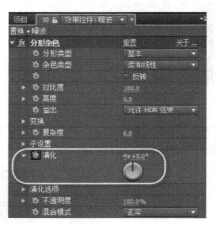

图19-8 第3s处"演化"参数设置

4）选中"噪波"图层，执行"效果"→"颜色校正"→"色阶"命令，为其添加"色阶"特效，"效果控件"面板中，"输出黑色"参数设置为"112.2"，效果如图19-9所示。

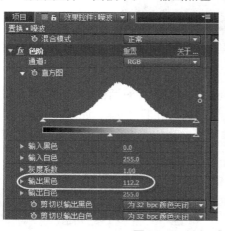

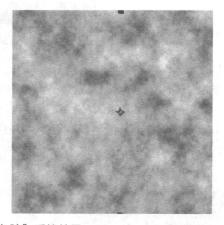

图19-9 添加"色阶"后的效果

5）选中"噪波"图层，单击"工具"面板中的"矩形工具"，为"噪波"图层绘制蒙版，如图19-10所示。展开时间线上"噪波"图层的"蒙版"属性，将"蒙版羽化"值设置为100，如图19-11所示。

6）设置蒙版动画：在第0s处，单击"蒙版路径"选项左侧的码表，启动"蒙版路径"关键帧，将时间指针移到第5s处，使用"工具"面板中的"选择工具"在"合成"窗口中单击一下，然后将鼠标放到蒙版的上部边框上向下拖动，直至蒙版不覆盖"合成"窗口，如图19-12所示。单击"预览"面板中的"播放"按钮，会发现噪波由上到下逐渐消失的动画效果。

图19-10 为"噪波"图层绘制蒙版

图19-11 设置"蒙版羽化"值

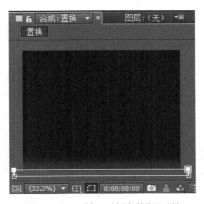

图19-12 第5s处的蒙版形状

（3）创建"模糊"合成

1）执行"合成"→"新建合成"命令，在"合成设置"对话框中，设置"合成名称"为"模糊"，"预设"模式为"PAL D1/DV"，"持续时间"为5s。

2）选择"置换"合成中的"噪波"图层，按<Ctrl+C>组合键进行复制，再选择"模糊"合成，按<Ctrl+V>组合键进行粘贴。

3）选择"模糊"合成中的"噪波"图层，执行"效果"→"颜色校正"→"曲线"命令，为图层添加"曲线"特效，在"效果控件"面板中设置参数，如图19-13所示。合成效果如图19-14所示。

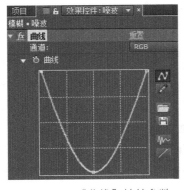

图19-13 "曲线"特效参数

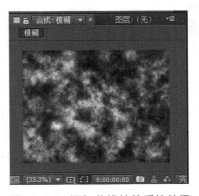

图19-14 添加曲线特效后的效果

（4）创建烟雾文字合成

1）执行"合成"→"新建合成"命令，在"合成设置"对话框中，设置"合成名称"为"烟雾文字"，"预设"模式为"PAL D1/DV"，"持续时间"为5s。

2）将"项目"窗口中的"文字""置换""模糊"这3个合成拖入到"烟雾文字"合成的时间线上，这3个图层的排列顺序，如图19-15所示。

3）制作渐变背景：按<Ctrl+Y>组合键，在当前合成中新建一个纯色层，在"纯色设置"对话框中，设置"名称"为"背景"，并将其拖到最下层。选中"背景"层，执行"效果"→"生成"→"梯度渐变"命令，在打开的"效果控件"面板中设置参数，"起始颜色"的值为RGB（255，255，255），"结束颜色"的值为RGB（179，177，177）；"渐变起点"为（360，288），"渐变终点"为（372，723），"渐变形状"为"径向渐变"，"梯度渐变"参数设置，如图19-16所示。

图19-15　图层的排列顺序

图19-16　"梯度渐变"参数设置

4）关闭"置换"合成、"模糊"合成的显示，时间线如图19-17所示。此时的"合成"窗口显示效果，如图19-18所示。

图19-17　时间线显示

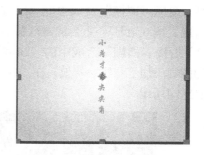

图19-18　"合成"窗口显示效果

5）选中"文字"图层，执行"效果"→"模糊与锐化"→"复合模糊"命令，添加了"复合模糊"特效，在打开的"效果控件"面板中，设置"模糊图层"为"3.模糊"；"最大模糊"为300，"复合模糊"参数设置及效果，如图19-19所示。

6）选择"文字"图层，执行"效果"→"扭曲"→"置换图"命令，添加了"置换图"特效，在打开的"效果控件"面板中，设置"置换图层"为"2.置换"；"最大水平置换"为200；"最大垂直置换"为200；"置换图"特效参数设置及效果显示，如图19-20所示。

图19-19 "复合模糊"设置及效果

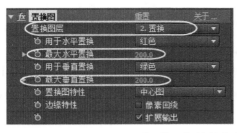

图19-20 "置换图"特效参数设置及效果显示

7）单击"预览"面板中的"播放"按钮，预览一下效果。

（5）创建"背景"合成

1）执行"合成"→"新建合成"命令，在"合成设置"对话框中，设置"合成名称"为"背景"，"预设"模式为"PAL D1/DV"，"持续时间"为5s。

2）在"项目"窗口中双击，在打开的"导入文件"对话框中，导入"水墨荷花.jpg"图片，再次导入"蝌蚪.psd"图片，在导入"蝌蚪.psd"时出现对话框，如图19-21所示。

3）将"项目"窗口中的"水墨荷花.jpg"素材及"蝌蚪.psd"素材拖入"背景"合成的时间线上，"蝌蚪.psd"位于上层，"水墨荷花.jpg"位于下层。

4）选中"蝌蚪"图层，按<S>键展开"缩放"属性，设置"缩放"的值为50%。

5）单击"工具"面板中的"向后平移（锚点）工具"，单击"合成"窗口中的蝌蚪，将锚点拖曳到蝌蚪的头顶，如图19-22所示。

图19-21 导入psd文件

图19-22 调整蝌蚪的锚点位置

6）选中"蝌蚪"图层，执行"窗口"→"动态草图"命令，打开"动态草图"面板，参数设置如图19-23所示。单击"开始捕捉"按钮，当"合成"窗口中的光标变成十字形状时，在窗口中绘制运动路径，如图19-24所示。

图19-23　"动态草图"面板

图19-24　绘制运动路径

7）选中"蝌蚪"图层，执行"图层"→"变换"→"自动定向"命令，在弹出的"自动定向"对话框中，勾选"沿路径定向"选项，单击"确定"按钮。

8）选中"蝌蚪"图层，按<R>键展开"旋转"属性，设置"旋转"的值为71。

9）制作更加流畅的蝌蚪动画：选中"蝌蚪"图层，按<P>键展开"位置"属性，用框选方法选中所有的关键帧，执行"窗口"→"平滑器"命令，打开"平滑器"面板，在对话框中设置参数，如图19-25所示，单击"应用"按钮。

10）选中"蝌蚪"图层，执行"效果"→"透视"→"投影"命令，添加"投影"特效，在"效果控件"面板中设置参数，"距离"为12，"柔和度"为30，如图19-26所示。

图19-25　"平滑器"参数设置

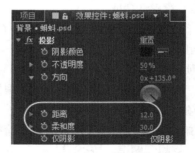

图19-26　"投影"参数设置

11）选中"蝌蚪"图层，打开"运动模糊开关" ，如图19-27所示。

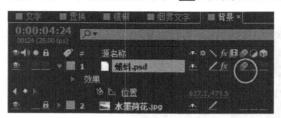

图19-27　打开时间线上图层的"运行模糊开关"

12）可以用同样的方法制作出多个小蝌蚪的路径动画。

（6）创建"最终效果"合成

1）执行"合成"→"新建合成"命令，在"合成设置"对话框中，设置"合成名称"为"最终效果"，"预设"模式为"PAL D1/DV"，"持续时间"为5s。

2）将"项目"窗口中的"烟雾文字"合成、"背景"合成拖到"最终效果"合成中，

"烟雾文字"合成在上层，"背景"合成在下层。

3）双击"烟雾文字"合成图层，关闭该合成中的"背景"层的显示；展开"烟雾文字"合成中的"文字"层的"位置"属性，设定"位置"参数值为（584，，28），如图19-28所示。

图19-28 设置"烟雾文字"的位置参数及背景隐藏

4）切换到"最终效果"合成中，单击"预览"面板中的"播放"按钮，预览效果。

（7）渲染输出

若对预览效果感到满意时，可以执行"合成"→"添加到渲染队列"命令，在"渲染队列"面板中单击"输出到："右侧的文件名，在弹出的"将影片输出到："对话框中设置影片名称和保存位置，单击"保存"按钮；单击左下角"输出模块："右侧的"无损"按钮，在弹出的"输出模块设置"对话框中单击"格式"右侧的下拉按钮，设置视频的输出格式为FLV格式，单击"确定"按钮退出对话框，单击"渲染"按钮进行渲染。

（8）保存项目文件

执行"文件"→"整理工程（文件）"→"收集文件"命令，完成项目文件的保存工作。

项目20 《保护地球就是保护我们自己》
—— 片头制作

≫ 学习目标

1）掌握透视特效CC SPhere的设置方法。

2）掌握透视特效CC Cylinder的设置方法。

《保护地球就是保护我们自己》——片头制作

本项目通过模仿环球电影公司的片头制作，使学习者掌握透视特效CC Sphere和CC Cylinder的设置方法。综合运用这些特效，掌握片头制作的技巧。项目制作效果如图20-1所示。

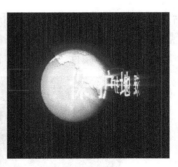

图20-1 《保护地球就是保护我们自己》制作效果

制作步骤如下。

（1）制作自转的地球

1）启动AE CC软件后，创建一个"预设"为PAL/DV的合成，"合成名称"为"保护地球就是保护我们自己"，合成的尺寸设置为"720像素×576像素"，"帧频率"为"25帧/秒"，"持续时间"为5s。

2）导入素材：按<Ctrl+I>组合键，导入本项目的素材"地球.jpg"，并将"地球.jpg"素材拖到时间线上。

3）将地球图片变为球形：选中"地球"图层，执行"效果"→"透视"→"CC Sphere"命令，效果如图20-2所示。

图20-2 对地球图片添加"CC Sphere"特效

4）缩小球体的半径：在"效果控件"面板中，将"Radius"选项的值设定为140。

5）制作地球自转效果：在"时间线"窗口中将时间指针移到第0s处，展开"地球"图层，单击"Rotation Y"选项前的"钟表"按钮，启动关键帧，设定参数为-115，如图20-3所示。将时间指针移到第4s24帧处，将"Rotation Y"的参数值设为100。

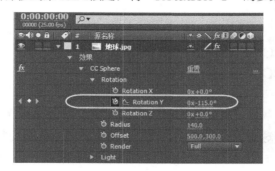

图20-3 第0s处参数值

6）单击"预览"面板中的"播放"按钮，预览效果，会看到地球自转的效果。

7）调整地球的表面亮度：展开"效果控件"面板中的Light选项，将Light Intensity的值设为128；将Light Height的值设为73；将Light Direction的值设为275°，如图20-4所示。

图20-4　调整地球的亮度

（2）制作环绕地球的文字

1）单击"工具"面板中的"文本工具"，在"合成"窗口中输入"保护地球就是保护我们自己"，文字颜色为"白色"，字体大小为86像素，字符间距为359，"字符"面板参数设置，如图20-5所示。

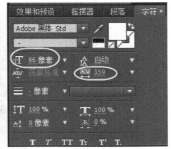

图20-5　设置文字属性

2）选中"保护地球就是保护我们自己"图层，执行"效果"→"透视"→"CC Cylinder"命令，添加"CC Cylinder"特效，在"效果控件"面板中，设置"CC Cylinder"特效参数，如图20-6所示。

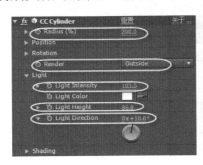

图20-6　"CC Cylinder"特效参数设置

3）制作文字环绕动画：选中"保护地球就是保护我们自己"图层，在"时间线"窗口中，将时间指针移到第0s处，展开"保护地球就是保护我们自己"图层，单击"Rotation Y"左侧的"钟表"按钮，启动关键帧；将指针移到第4s24帧处，将"Rotation Y"参数值设为"1×+0"，如图20-7所示。

图20-7　第4s24帧处"Rotation Y"参数设置

4）在时间线中选中"保护地球就是保护我们自己"图层，按<Ctrl+D>组合键复制出"保护地球就是保护我们自己2"图层，将复制出的"保护地球就是保护我们自己2"图层拖曳到最底层，并将"Render"选项的值改为"Inside"，如图20-8所示。

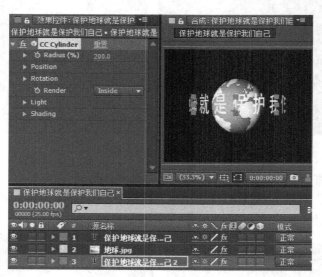

图20-8　设置复制出的图层参数

（3）制作光芒效果

1）执行"图层"→"新建"→"调整图层"命令，新建一个调整图层。

2）选中调整图层，执行"效果"→"Trapcode"→"Shine"命令，添加"Shine"特效，设置"Colorize"为"Electric"，"Blend Mode"为"Add"，特效参数设置如图20-9所示。

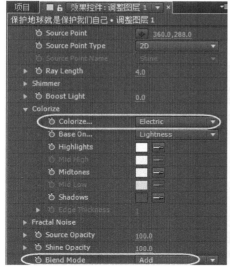

图20-9 设置"Shine"特效参数

（4）预览效果

单击"预览"面板中的"播放"按钮，预览效果。

（5）渲染输出

若对预览效果感到满意时，可以执行"合成"→"添加到渲染队列"命令，在"渲染队列"面板中单击"输出到："右侧的文件名，在弹出的"将影片输出到："对话框中设置影片名称和保存位置，单击"保存"按钮；单击左下角"输出模块："右侧的"无损"按钮，在弹出的"输出模块设置"对话框中单击"格式"右侧的下拉按钮，设置视频的输出格式为FLV格式，单击"确定"按钮退出对话框，单击"渲染"按钮进行渲染。

（6）保存项目文件

执行"文件"→"整理工程（文件）"→"收集文件"命令，完成项目文件的保存工作。